低碳智库译丛

国家出版基金项目
NATIONAL PUBLICATION FOUNDATION

“十三五”国家重点图书出版规划项目

CLIMATE ECONOMICS

Economic Analysis of Climate, Climate Change and Climate Policy

Richard S.J. Tol

气候经济学

气候、气候变化与气候政策经济分析

［英］理查德 · S.J.托尔 著

齐建国 王颖婕 齐海英 译

东北财经大学出版社
Dongbei University of Finance & Economics Press
大连

Richard S.J.Tol：Climate Economics：Economic Analysis of Climate，Climate Change and Climate Policy

辽宁省版权局著作权合同登记号：图字06-2015-17

图书在版编目（CIP）数据

气候经济学：气候、气候变化与气候政策经济分析 /（英）理查德·S.J.托尔（Richard S.J. Tol）著；齐建国，王颖婕，齐海英译. —大连：东北财经大学出版社，2016.8（2022.8重印）
（低碳智库译丛）
ISBN 978－7－5654－2293－5

Ⅰ. 气… Ⅱ. ①托… ②齐… ③王… ④齐… Ⅲ. 气候变化-关系-世界经济-研究 Ⅳ. ①P467 ②F113

中国版本图书馆CIP数据核字（2016）第077714号

东北财经大学出版社出版发行
大连市黑石礁尖山街217号 邮政编码 116025
网 址：http：//www. dufep. cn
读者信箱：dufep @ dufe. edu. cn
大连图腾彩色印刷有限公司印刷

幅面尺寸：170mm×240mm 字数：208千字 印张：14.75
2016年8月第1版 2022年8月第3次印刷
责任编辑：李 季 刘慧美 责任校对：贺 欣
封面设计：冀贵收 版式设计：钟福建
定价：56.00元

教学支持 售后服务 联系电话：（0411）84710309
版权所有 侵权必究 举报电话：（0411）84710523
如有印装质量问题，请联系营销部：（0411）84710711

“低碳智库译丛”总序

气候变化是当前人类面临的最大威胁，危及地球生态安全和人类生存与发展。采取应对气候变化的智慧行动可以推动创新、促进经济增长并带来诸如可持续发展、增强能源安全、改善公共健康和提高生活质量等广泛效益，增强国家安全和国际安全。全球已开展了应对气候变化的合作进程，并确立了未来控制地表温升不超过2℃的目标。其核心对策是控制和减少温室气体排放，其中主要是化石能源消费的CO_2排放。这既引起新的国际治理制度的建立和发展，也极大推动了世界范围内能源体系的革命性变革和经济社会发展方式的转变，低碳发展已成为世界潮流。

自工业革命以来，发达国家无节制地廉价消耗全球有限的化石能源等矿产资源，完成了工业化和现代化进程。其在创造当今经济社会高度发达的“工业文明”的同时，也造成世界范围内化石能源和金属矿产资源的日趋紧缺，并引发了以气候变化为代表的全球生态危机，让人类付出了巨大的资源和环境代价。在全球为应对气候变化减缓碳排放的背景下，世界范围内正在掀起能源体系变革和转型的浪潮。当前以化石能源为支柱的传统高碳能源体系，将逐渐被以新能源和可再生能源为主体的新型低碳能源体系所取代。人类社会的经济发展不能再依赖地球有限的矿物资源，也不能再过度侵占和损害地球的环境空间，要使人类社会形态由当前不可持续的工业文明向人与自然相和谐、经济社会与资源环境相协调和可持续发展的生态文明的社会形态过渡。

应对气候变化，建设生态文明，需要发展理念和消费观念的创新：要由片面追求经济产出和生产效率为核心的工业文明发展理念转变到人与自然、经济与环境、人与社会和谐和可持续发展的生态文明的发展理念；由过度追求物质享受的福利最大化的消费理念转变为更加注重精神文明和文化文明的健康、适度的消费理念；不再片面地追求GDP的增长、个人财富的积累和物质享受，而是全面权衡协调经济发展、社会进步和环境保护，注重经济和社会发展的质量和效益。经济发展不再盲目向自然界摄取资源、排放废物，而要寻求人与自然和谐相处的舒适的生活环境，使良好的生态环境成为最普惠的公共物品和最公平的社会福祉。高水平的生活质量需要大家共同拥有、共同体验，这将促进社会公共财富的积累和共享，促进世界各国和社会各阶层的合作与共赢。因此，传统工业文明的发展理论和评价方法学已不能适应生态文明建设的发展理念和目标，需要发展以生态文明为指导的发展理论和评价方法学。

政府间气候变化专门委员会（IPCC）第五次评估报告在进一步强化人为活动的温室气体排放是引起当前气候变化的主要原因这一科学结论的同时，给出全球实现控制温升不超过2℃目标的排放路径。未来全球需要大幅度减排，各国经济社会持续发展都将面临碳排放空间不足的挑战。因此，地球环境容量空间作为紧缺公共资源的属性日趋凸现，碳排放空间将成为比劳动力和资本更为紧缺的资源和生产要素。提高有限碳排放空间利用的经济产出价值就成为突破资源环境制约、实现人与自然和谐发展的根本途径。广泛发展的碳税和碳市场机制下的“碳价”将占用环境容量的价值显性化、货币化，将占用环境空间的社会成本内部化。“碳价”信号将引导社会资金投向节能和新能源技术，促进能源体系变革和经济社会低碳转型。能源和气候经济学的发展越来越关注“碳生产率”的研究，努力提高能源消费中单位碳排放即占用单位环境容量的产出效益。到2050年世界GDP将增加到2010年的3倍左右，而碳排放则需要减少约50%，因此碳生产率需要提高6倍左右，年提高率需达4.5%以上，远高于工业革命以来劳动生产率和资本产出率提高的速度。这需要创新的能源经济学和气候经济学理论来引导能源的革命性变革和经济发展方式的变革，从而实现低碳经济的发展路径。

经济发展、社会进步、环境保护是可持续发展的三大支柱，三者互相依存。当前应对气候变化的关键在于如何平衡促进经济社会持续发展与管理气候风险的关系。气候变化使人类面临不可逆转的生态灾难的风险，而这种风险的概率和后果以及当前适应和减缓行动的效果都有较大的不确定性。国际社会对于减排目标的确立和国际制度的建设是在科学不确定情况下的政治决策，因此需要系统研究当前减缓气候变化成本与其长期效益之间的权衡和分析方法；研究权衡气候变化的影响和损害、适应的成本和效果、减缓的投入和发展损失之间关系的评价方法和模型手段；研究不同发展阶段国家的碳排放规律及减缓的潜力、成本与实施路径；研究全球如何公平地分配未来的碳排放空间，权衡“代际”公平和“国别”公平，从而研究和探索经济社会发展与管控气候变化风险的双赢策略。这些既是当前应对气候变化的国际和国别行动需要解决的实际问题，也是国际科学研究的重要学术前沿和方向。

当前，国际学术界出现新气候经济的研究动向，不仅关注气候变化的影响与损失、减排成本与收益等传统经济学概念，更关注控制气候风险的同时实现经济持久增长，把应对气候变化转化为新的发展机遇；在国际治理制度层面，不仅关注不同国家间责任和义务的公平分担，更关注实现世界发展机遇共享，促进各国合作共赢。理论和方法学研究在微观层面将从单纯项目技术经济评价扩展到全生命周期的资源、环境协同效益分析，在宏观战略层面将研究实现高效、安全、清洁、低碳新型能源体系变革目标下先进技术发展路线图及相应模型体系和评价方法，在国际层面将研究在“碳价”机制下扩展先进能源技术合作和技术转移的双赢机制和分析方法学。

我国自改革开放以来，经济发展取得举世瞩目的成就。但快速增长的能源消费不仅使我国当前的CO_2排放量已占世界1/4以上，也是造成国内资源趋紧、环境污染严重、自然生态退化严峻形势的主要原因。因此，推动能源革命，实现低碳发展，既是我国实现经济社会与资源环境协调和可持续发展的迫切需要，也是应对全球气候变化、减缓CO_2排放的战略选择，两者目标、措施一致，具有显著的协同效应。我国统筹国内国际两个大局，积极推动生态文明建设，把实现绿色发展、循环发展、低碳发展作为基本途径。自“十一五”以来制定实施并不断强化积极的节能和CO_2减排目标及能源结构优化目标，并以此为导向，促进经济发展方式的根本性转变。我国也需要发展面向生态文明转型的创新理论和分析方法作为指导。

先进能源的技术创新是实现绿色低碳发展的重要支撑。先进能源技术越来越成为国际技术竞争的前沿和热点领域，成为世界大国战略必争的高新科技产业，也将带来新的经济增长点、新的市场和新的就业机会。低碳技术和低碳发展能力正在成为一个国家的核心竞争力。因此，我国必须实施创新驱动战略，创新发展理念、发展路径和技术路线，加大先进能源技术的研发和产业化力度，打造低碳技术和产业的核心竞争力，才能从根本上在全球低碳发展潮流中占据优势，在国际谈判中占据主动和引导地位。与之相应，我国也需要在理论和方法学研究领域走在前列，在国际上发挥积极的引领作用。

应对气候变化关乎人类社会的可持续发展，全球合作行动关乎各国的发展权益和国际义务。因此相关理论、模型体系和方法学的研究非常活跃，成为相关学科的前沿和热点。由于各国研究机构背景不同，思想观念和价值取向不同，尽管所采用的方法学和分析模型大体类似，但各自对不同类型国家发展现状和规律的理解、把握和判断的差异，以及各自模型运转机理、参数选择、政策设计等主观因素的差异，特别是对责任和义务分担的“公平性”的理念和度量准则的差异，往往会使研究结果、结论和政策建议产生较大差别。当前在以发达国家研究机构为主导的研究结果和结论中，往往忽略发展中国家的发展需求，高估了发展中国家减排潜力而低估了其减排障碍和成本，从而过多地向发展中国家转移减排责任和义务。世界各国因国情不同、发展阶段不同，可持续发展优先领域和主要矛盾不同，因此各国向低碳转型的方式和路径也不同。各国在全球应对气候变化目标下实现包容式发展，都需要发展和采用各具特色的分析工具和评价方法学，进行战略研究、政策设计和效果评估，为决策和实施提供科学支撑。因此，我国也必须自主研发相应的理论框架、模型体系和分析方法学，在国际学术前沿占据一席之地，争取发挥引领作用，并以创新的理论和方法学，指导我国向绿色低碳发展转型，实现应对全球气候变化与自身可持续发展的双赢。

本译丛力图选择翻译国外最新最有代表性的学术论著，便于我国相关科技工作者和管理干部掌握国际学术动向，启发思路，开拓视野，以期对我国应对全球气候变化和国内低碳发展转型的理论研究、政策设计和战略部署有参考和借鉴作用。

何建坤

2015年4月25日

↘译者序

从本书的作者简介可以看出，理查德 · S.J.托尔教授是一位兴趣十分广泛且学术造诣十分深厚的学者。他在欧美诸多大学和研究机构兼职，涉猎的研究领域有应用经济学、数学和统计学（擅长时间序列分析）、决策评估、决策分析、博弈论，环境问题，特别是气候变化、旅游、土地利用、水资源管理等领域集成建模。从其发表的论文和著作的数量来看，可谓硕果累累。特别是，他担任IPCC三个工作组的召集人和报告执笔人之一，可见其在气候变化领域的学术地位之高。东北财经大学出版社邀请我担任本书的主译，我真有些诚惶诚恐。好在本书篇幅并不是太长，并且我在最近10多年研究循环经济的同时，也对气候变化经济学有所接触，因此，尚能读懂本书。在我翻译完本书的前言、引言和前面两章之后，我将后面12章的初步翻译任务交给了我2015年的博士研究生王颖婕同学。令我非常欣慰的是，王颖婕同学十分认真地完成了任务。她对英文文本中的每一个关键词都十分认真地推敲，查经据典，并与我进行深入讨论和分析，力求准确。最后，我与王颖婕同学共同对本书的全部翻译稿进行了多次讨论和修改，形成了现在的译稿。这给我的终译和校对减少了难度和工作量。本书的图表很多，齐海英女士为图表翻译和制作提供了很大帮助。

毫无疑问，本书是一本很好的气候经济学教科书。好就好在它的篇幅不长，但图文并茂、深入浅出，既可以作为大学本科学生的教科书，也可以作为硕士学生乃至博士研究生的教科书。一本200多页的教科书能够用于大学本科、硕士和博士三个层次教学，不能不说是本书的一大特色。其特点是用星花（*）标注了适合于不同层次学生阅读的内容。课本内容从1个星花（*）到4个星花（****），表明了相应内容的深度。这一做法可以节省学生购买教科书的费用，有利于图书馆减少存书数量，特别具有循环经济减量化的思维。可以说，托尔教授用实际行动践行了循环经济减量化，非常有利于减少资源消耗，对减少温室气体排放起到重要的协同作用。该书的内容安排非常方便学生根据自己的需要选择学习内容。

本书作者理查德·S.J.托尔教授在引言中说："这是一本关于气候、气候变化和气候政策经济学的教科书。"实际上，这是一本适合对气候、气候变化和气候政策感兴趣的所有人群阅读的书。全书共14章。

第1、2章是基础。这部分从气候变化科学开始，从自然科学角度讲解了气候变化的原因及其发展趋势，分析了怎样测定温室气体在大气中的浓度变化、温室气体是如何影响气候变化的、温室气体都是怎么产生并停留在大气之中的、古代以来大气中温室气体浓度的演变、怎样才能减少温室气体排放。

第3、4两章主要讲解了减少温室气体排放的成本和采取什么样的政策手段促进减排，分析了利用不同模型对减排成本进行测算的差异及产生差异的原因，研究了针对不同减排方案的政策成本变化和技术对减排成本的影响，并在政策分析中重点分析了碳税和排放权及其交易的作用机制和成本。

第5章具有相对的独立性，该章分析了气候变化给人类带来的各种影响、人们的价值偏好和基于偏好如何对这些影响进行评价，既讨论了评价的方法论问题，也进行了定性的价值取向分析。

第6、7两章探讨了气候变化与经济社会发展之间的关系。第6章重点分析气候变化对地球上的不同地区的不同影响，重点总结了21个运用定量方法对气候变化给经济带来的影响进行分析的结果，指出了存在的问题。第7章则重点从气候变化带来的自然灾害、贫困陷阱等角度，探讨了气候变化对生产力的影响。

第8、9、10、11章较为系统地研究了气候政策问题。第8章运用数理方法探讨了最优化的气候政策，分析了气候政策的终极目标、实施气候政策的成本与效益及其评估，探讨了最优减排路径。第9章运用模型体系，讨论了全球范围内优化气候政策的宏观效应问题，并对模型方法中参数确定、指标选取的技术性问题进行了全面探讨。第10章则在不确定性和知识积累的背景下，再次探讨了如何使气候政策更加优化的问题。第11章则较为系统地分析了世界各国应对气候变化的合作与非合作问题，在此基础上分析了全球气候政策的前景。

第12章讨论了与采取措施抑制气候变化相对应的对气候变化进行适应、适应与发展的关系、政府应该采取什么样的适应性政策等问题。

第13章，作者综合考虑了本书中讨论的对气候变化应对或适应的种种情况，形成了一个综合评价模型，并运用此模型分析了各种不确定性及政策的效果。

第14章，作者对全书的分析进行了总结，充分展示分析了围绕气候政策存在的争论，总结了实施气候政策的成本与收益，提出了解决全球气候问题的困难，分析了解决问题的出路。

在本书的翻译工作进入尾声的时候，联合国巴黎气候变化大会召开了。经过出席气候大会《联合国气候变化框架公约》196个缔约方的谈判代表两周的艰苦努力，最终于2015年12月12日达成了《巴黎气候协议》。这是人类有史以来第一个具有法律约束力的管控气候变化的共同协议，成为全球最广泛合作的一个里程碑。《巴黎气候协议》包括应对气候变化的目标、减缓变暖、适应变化、损失损害预防与救助、资金筹措、技术研发与转让、能力建设、透明度、全球盘点等29条内容。

协议指出，各方将加强力度应对气候变化威胁，把全球平均气温控制在较工业化前水平升高2摄氏度之内，并为把升温控制在1.5摄氏度之内而努力。全球将尽快实现温室气体排放达峰，21世纪下半叶实现温室气体净零排放。

根据协议，各方将以“自主贡献”的方式参与全球应对气候变化行动。发达国家将继续带头减排，并加强对发展中国家的资金、技术和能力建设的支持，帮助后者减缓和适应气候变化。从2023年开始，每五年将对全球行动总体进展进行一次盘点评估，以帮助各国加强国际合作，实现全球应对气候变化的长期目标。

《联合国气候变化框架公约》196个缔约方中有187个提交了本国2020

年生效的抗击气候变化的承诺方案，将每五年上调一次承诺目标。其余国家必须提交承诺方案才能成为协议的缔约方。显然，相对于京都协议，巴黎协议向前迈出了决定性步伐。

中国气候变化特别代表解振华认为，巴黎会议达成了一个公平合理、全面平衡、富有雄心、持久有效、具有法律约束力的协议，传递出了全球将实现绿色低碳、气候适应型和可持续发展的强有力的积极信号。中国对这次联合国巴黎气候变化大会成功达成协议做出了巨大的贡献。中国作为一个负责任的发展中大国，也是碳排放总量最多的国家，在提出2020年碳排放强度比2005年下降45%的承诺基础上，宣布碳排放在2030年达到峰值，并力争提前达峰。这一决定坚定了世界各国应对气候变化的决心。应对气候变化既是推动我国可持续发展的内在需要，也是打造人类命运共同体的责任担当。中国在大会中从应对气候变化的能力、目标、路径以及措施等方面都给出了较为合理、系统的建议，用积极真诚的态度促进全球应对气候变化的努力，既坚持了共同但有区别的责任原则，又以负责任的态度做出了明确而有雄心的承诺，用行动做出了表率。

本书对巴黎气候变化大会讨论的问题和《巴黎气候协议》涉及的重要内容都进行了分析和研究，从学理上探讨了气候变化的形成原因、发展趋势、与经济增长和居民福利的关系，应对气候变化的技术路径、可选择的政策工具、各种政策实施所面临的困难、国家间减少碳排放的利益冲突、可能的协调机制等诸多方面。阅读完本书可以使读者对《巴黎气候协议》具有更加全面科学的认识。

在翻译本书的过程中，作为其中文版本的最早读者，我深深感到，托尔教授虽然致力于气候经济学的研究，但却摆脱了很多学者所具有的专业偏好情结，对气候变化问题的认识十分客观，对该领域已有的研究成果的评价也非常全面。他对气候变化带来的问题具有极为深刻的认识，对于应对气候变化的政策及其路径选择的分析也十分理性。面对气候变化的事实，本书作者既非从极端偏激的生态中心主义者立场谴责人类发展经济引起的气候变化，也未从人类中心主义者角度鼓吹经济增长至上，而是从科学的角度分析了气候变化形成的客观原因和应对之路。但作者较为辛辣地批评了一些政治家面对气候变化的行为和虚伪的态度，也抨击了右翼势力对应对气候变化政策的非理性攻击，主张用科学的态度理性制定应对气候变化的政策。

特别值得指出的是，作者很重视技术变化与创新，对强化减少碳排放的成本进行了科学的探讨。作者认为，实现《巴黎气候协议》中的碳排放净零增长不存在技术障碍，但存在由技术效率决定的经济成本障碍。因此，作者经过定量分析认为，可以适当推迟加大碳减排强度和碳排放净零增长的时间节点，这可以降低应对气候变化的经济成本和社会代价。

总之，阅读本书肯定会使读者获益匪浅。巴黎气候变化大会的成果具有十分积极的历史意义。中国对应对世界气候变化的积极立场和巨大努力，对于达成会议最终结果起到了十分重要的作用。读完本书后再理解巴黎气候变化大会的成果，会使我们更好地认识未来人类应对和适应气候变化努力的艰难。我希望，通过阅读本书，读者不仅会在知识方面获益匪浅，更会把应对气候变化变为意识和行为自觉。

齐建国

2015年12月19日

前　言

本书的写作始于10多年前。2001年，我在汉堡开始教授气候变化经济学，当时一直因为没有一本好的教科书而苦恼。因此，我最大的感谢要给予在汉堡、阿姆斯特丹和萨塞克斯的那些学生们，他们经历了我酝酿撰写这本书的全过程。

我关于气候变化和气候政策经济学的思想的形成得益于与很多人的讨论和很多论文文献。我只能列举其中一些人的名字：戴维·安瑟夫（David Anthoff），董·阿伦特（Doug Arent），戴维·布莱福特（David Bradford），艾恩·博尔顿（Ian Burton），卡罗·卡拉罗（Carlo Carraro），比尔·克莱因（Bill Cline），哈迪·道拉塔巴蒂（Hadi Dowlatabadi），托姆·唐宁（Tom Downing），山姆·樊克豪瑟（Sam Fankhauser），让·芬斯特拉夫（Jan Feenstraf），布朗·费舍尔（Brian Fisher），雷耶·基拉夫（Reyer Gerlagh），克里斯坦·乔来尔（Christian Gollier），鲍尔·乔来吉（Paul Gorecki），卡梅伦·赫本（Cameron Hepburn），惠博·简森特（Huib Jansent），克劳斯·凯勒（Klaus Keller），肖恩·里昂（Sean Lyons），戴维·麦迪逊（David Maddison），艾伦·曼内夫（Alan Mannef），罗布·门德尔松（Rob Mendelsohn），比尔·诺德豪斯（Bill Nordhaus），斯蒂夫·佩卡拉（Steve Pacala），戴维·皮尔斯（David Pearce），小罗杰·皮克（Roger Pielke Jr），凯特林·莱单茨（Katrin Rehdanz），里奇·里杰斯（Rich Richels），罗伯托·罗森（Roberto Roson），汤姆·罗斯福（Tom Rutherford），汤姆·谢林（Tom Schelling），斯蒂夫·施耐德（Steve Schneider），乔尔·史密斯（Joel Smith），费伦克·托斯（Ferenc Toth），哈曼·维尔布鲁根（Harmen Verbruggen），马蒂·韦茨曼（Marty Weitzman），约翰·韦恩特（John Weyant），加里·尤伊（Gary Yohe）。

很多人对本书初稿提出了有益的意见。他们包括戴维·安瑟夫（David Anthoff），瓦伦蒂娜·波塞蒂（Valentina Bosetti），迈克·马斯坦德雷阿（Mike Mastandrea），兰斯·华莱丝（Lance Wallace），鲍勃·瓦德（Bob Ward），提姆·华司脱（Tim Worstall），以及其他三位匿名审稿人。

戴维·安瑟夫起草了本书第13章的草稿。爱德华·埃尔加（Edward Elgar）的团队极为出色。

通常，以气候变化为内容的书籍的作者都会把书献给自己的儿孙，我不能理解这是为什么。我的父母曾告诉我要为自己着想，要努力工作，要接受教育。我把这种理念也传给了我的孩子，如果我能成功地使他们好好践行这一理念，那么，不管我们这一代留给他们何种气候，我坚信他们一切都会顺利。

作为对人们阻碍气候研究和政策发展的傲慢态度的警示，谨以此书纪念艾琳娜·森德勒[①]。

① 艾琳娜·森德勒（Irena Sendler）——波兰的“女辛德勒”，曾冒死从纳粹手中救下2 500多名犹太儿童。2006年7月30日，96岁高龄的艾琳娜在德国慕尼黑举行的纪念仪式上接受荣誉勋章。2008年5月12日，艾琳娜在波兰逝世，享年98岁。（译者注）

↘引 言

这是一本关于气候、气候变化和气候政策经济学的教科书。本书的结构如下：第1章对气候变化科学进行了回顾；第2章讨论了温室气体排放的来源情况和温室气体减排的方案；第3章分析减排成本；第4章探讨减排的政策工具；第5章穿插了对不可在市场进行交易的物品和服务的经济价值评估；第6章研究气候变化对经济的影响；第7章讨论了气候（变化）与发展之间的关系；第8章探讨气候政策优化；第9章讨论了优化气候政策的宏观效应（针对任何时间、任何人、世界上所有可能的国家）；第10章在不确定性和学习的环境下探讨气候政策的再优化；第11章讨论非合作下的气候政策；第12章分析适应和适应政策；第13章建立综合评价模型；第14章是综述和总结——作为一个小时气候变化经济学专题讲座的基础纲要，展示了围绕气候政策存在的争论。

受到微博形式的影响，每一章之前我都给出了该章的核心信息。过度简练会牺牲精度。我发现在一堂课或讲座之前凝练核心信息，会帮助我搞清楚我想要什么和需要说什么。围绕核心信息，基于复习全部内容的目的，每一章都设计了一个在线小测试。微博专栏和测验可以帮助学生对“森林”和“树木”进行区分。

测验、附加图表和其他辅助材料可以登录网站https：//sites.google.com/site/climateconomics/查阅。

每章的结尾给出了进一步拓展知识的文献和习题提示。做习题的目的是加深对课文的理解。习题共有三类：第一类是诸如计算和原理性的“经典”习题；第二类是有关阅读和讨论的作业；第三类是建立综合评价模型的说明，并用模型来模拟应对气候的政策。第三类习题集中于第13章。使用哪一类练习（如果有的话）取决于各单元课程的结构和目标。

书中提供的教程分为四个层次。需要预先掌握的基础教程用一个“*”标注，这类教程本应涵盖在更早的教学单元中，在这里呈现的目的是使初学者具备完整的基础知识。基本教程用两颗星“**”标注，适合本科水平的课程。高级教程标有三颗星“***”，适合硕士生的课程。专业化的教程标有四颗星“****”，适合博士学位课程。在每一章中，有一个阅读练习和进一步阅读的建议。所列论文供博士学位读者参考。

↘目 录

[第1章]

气候变化学

微博专栏

- 自工业革命以来，CO_2、CH_4和N_2O这三种最重要的温室气体在大气中的浓度持续上升。
- 全球平均地表气温与全球平均海平面明显升高，冰川融化。
- 温室气体是可以让可见的太阳光穿透照射地球，而不让地球反射的红外线通过的气体。
- 含有温室气体的大气更容易让能量进入地球而不容易离开地球。
- 较高的温室气体浓度意味着气候容易变暖，但变暖多少尚难以确定，因为存在着很多复杂的反馈。
- 人类排放的CO_2仅是大自然排放的一小部分，但大自然排放CO_2可以通过自然循环达到平衡。
- 到2100年，全球平均大气温度可能升高1～4摄氏度，比现在更高，这取决于不同状况和模型。
- 气温变暖会在地球两极的冬天、晚上以及陆地上体现得更加明显。
- 到2100年，温度上升将导致海水膨胀、海平面上升、陆地冰川融化。海平面或许上升0.2～0.6米。
- 一些地方和一些季节雨水会更多，另一些地方和季节雨水会更少。暴雨也许会更多。

- 热带风暴可能不会扩大范围或提高发生的频率。无处不在的风暴将加剧。
- 更多的二氧化碳溶解在水中，海洋的酸性会增加。

1.1 过程**

图1-1显示了大气中主要的人为温室气体二氧化碳（CO_2）、甲烷（CH_4）和一氧化二氮（N_2O）三种气体浓度在两个时期内的观测数据的变化。这两个时期即从工业革命（1850年）开始到今天和从农业革命开始（公元前8 000年）到今天。从工业革命开始，大气中的温室气体含量一直在上升，最近150年相对于过去的12 000年出现了不同寻常的增加。

测量大气成分是最近发展起来的技术。旧的测量方法是，当雪花落在冰盖上时，小气泡被冻结在新形成的冰之中。这样，在冰帽深处的陈冰中就能找到过去的空气。古代的大气浓度可以通过冰岩岩心中的气体获得。考虑到时间的准确性以及气泡被绝对封闭于冰中的假设，这样的情景重现是不完美的。

图1-2显示了全球平均地表气温、全球平均海平面高度、北半球平均积雪覆盖面积的观测数据。在过去的250年中，气温和海平面持续上升，积雪覆盖面积已经下降。这正是主张温室气体浓度上升导致气候变化的人们所希望得到的证据（虽然气候变化也可能由其他原因引起）。

图1-3说明了温室气体导致气候变化的原理。太阳发出的能量向空间各个方向传播。能量光谱中，有一部分是人类肉眼可见的，其中一些能量直接到达地球。地球的能量守恒：它接收多少能量就散射多少能量，至少在平均水平上是这样。如果不平衡，那么地球将永远被加热或冷却。地球不发出可见光，在晚上它是黑的，但它发出红外辐射。根据定义，温室气体分子只让可见光通过而吸收红外辐射。因此，太阳能可不受阻碍地穿过大气层，但地球的红外辐射被温室气体分子吸收。吸收了红外能量的这些气体分子变得很活跃，它们向空间各个方向发射能量，然后恢复到原来的

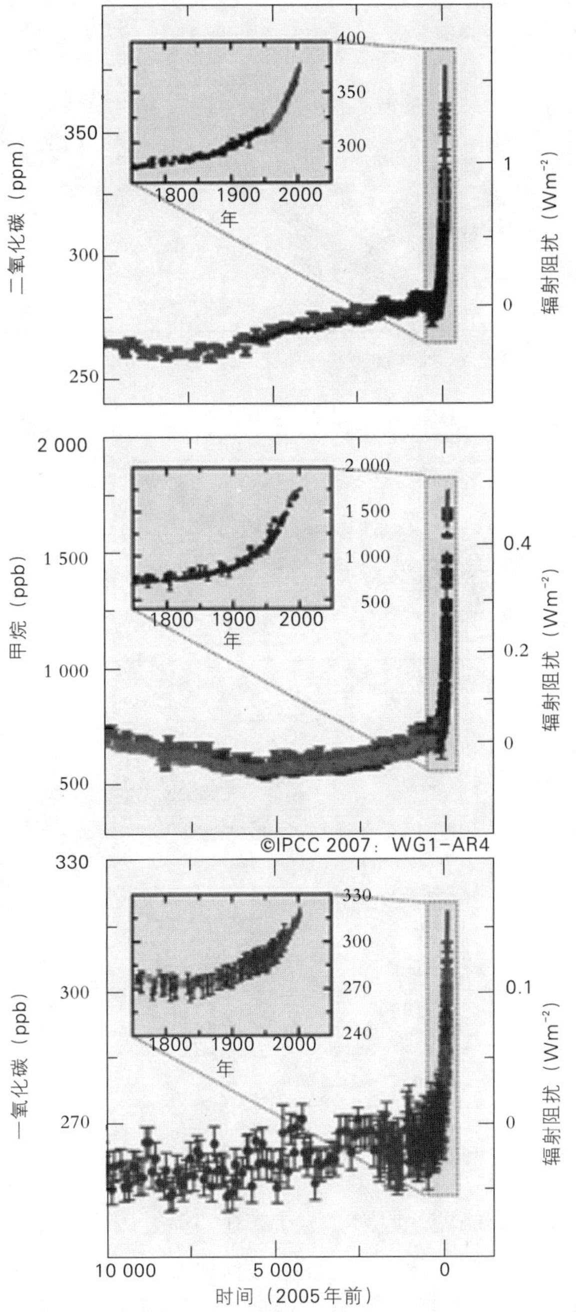

Source：IPCC WG1 AR4 SPM.

图1-1　三种主要人为活动引起的温室气体在大气中的浓度

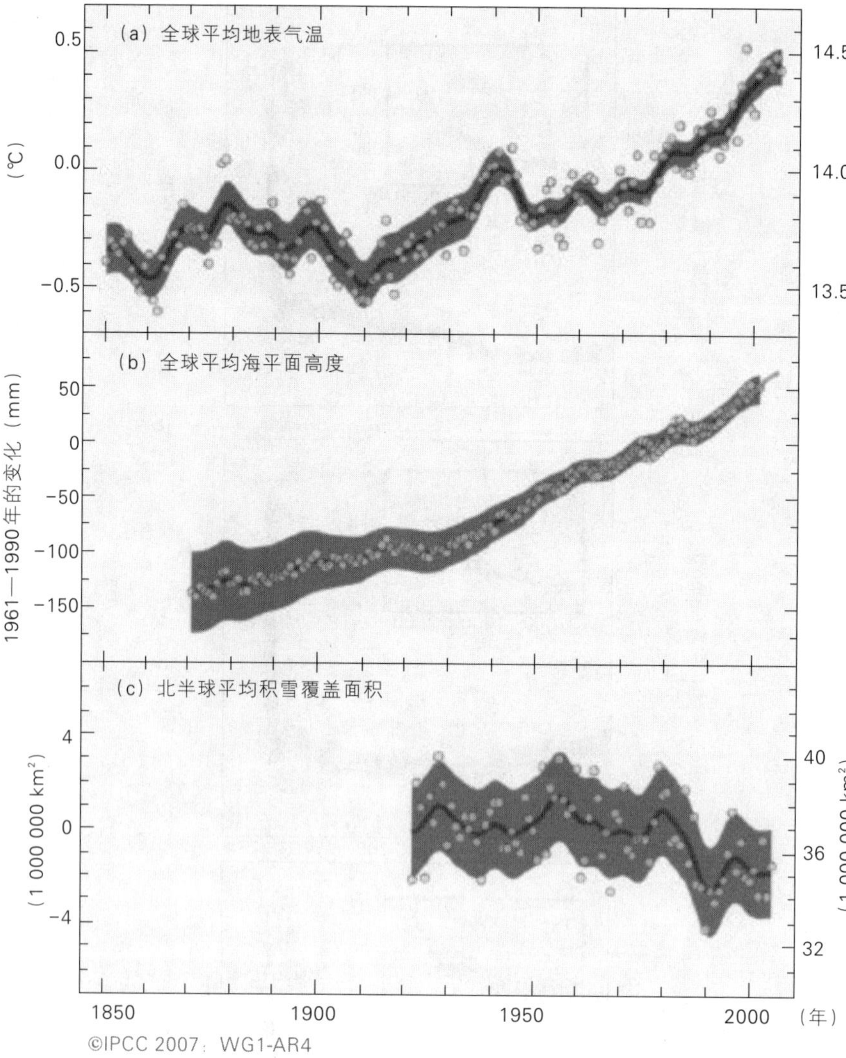

Source：IPCC WG1 AR4 SPM.

图1-2 观测到的全球平均气温、全球平均海平面高度以及北半球积雪覆盖面积

状态。这是温室效应的关键原因。地球的红外辐射从地球射向太空，而吸收了红外辐射能量的温室气体分子可以去任何地方，包括回到地面。因此，如果大气中存在温室气体，能量离开地球就变得更困难。地球仍在保持能量平

衡（输入能量等于辐射能量），但更多的能量储存于地球，使它变得更加温暖。

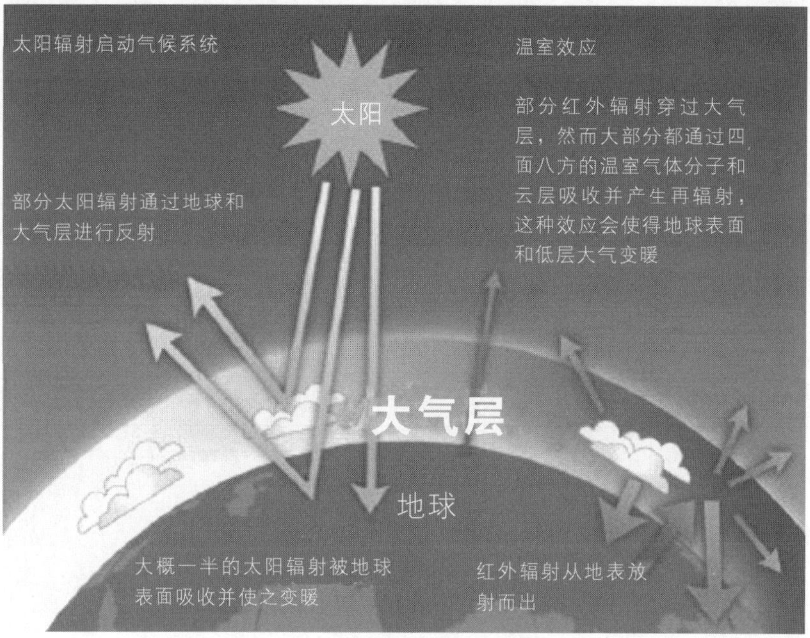

Source：IPCC WG1 AR4 Ch1.

图1-3 温室效应

温室效应是由傅里叶于1827年首次提出的。19世纪60年代约翰·廷德尔（John Tyndall）对此进行了详细研究。1896年，斯万特·阿赫纽斯（Svante Arrhenius）提出，燃烧化石燃料会增加大气中的二氧化碳浓度，而这将增强温室效应，促使地球变暖。图1-1和图1-2表明，至少在一定程度上这是事实。

图1-4说明了一些综合影响，表明了自1850年以来辐射到地球表面每平方米的能量变化。二氧化碳是目前为止对地球能量平衡变化影响最大的物质。这也是比较众所周知的主要的不确定性之所在，即在工业革命前大气的成分到底是什么样。在总的辐射强迫（radiative forcing）中，其他温室气体加在一起的贡献约为二氧化碳贡献的三分之二。这里的相对不确

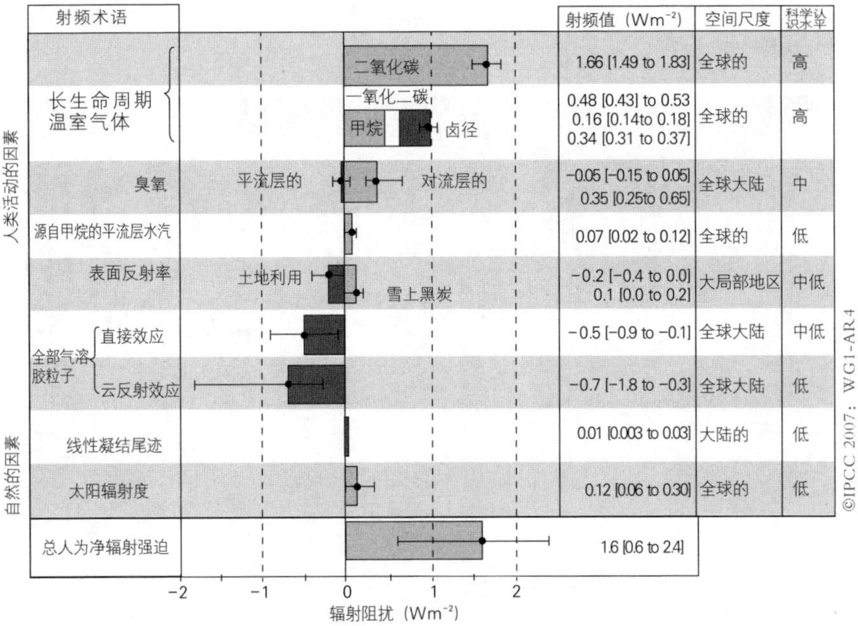

Source：IPCC WG1 AR4 SPM.

图1-4　前工业时代以来的辐射强迫及其组成部分

定性大约也一样大。

但人类对地球气候系统的人为干扰并没有到此结束。臭氧也是一种温室气体，它不是由人类活动排放的，但却是人类活动排放的物质与大气相互作用而产生的。由于交通运输和农业对臭氧前体物质的排放，近地面臭氧浓度比以前有所升高。由于氯氟烃的排放，高空大气中臭氧浓度较低。

水蒸气也是一种温室气体（实际上是温室气体中最重要的），但人类活动对大气中水蒸气浓度的影响极小：甲烷（CH_4）在大气中分解会增加水蒸气浓度。

人类也改变了地表向太空辐射能量的反射率。烟尘使雪和冰变得比以前灰暗，从而吸收了更多的能量。降雪和冰越来越少也使地表变得暗淡。但另一方面，颜色相对较暗的树被较为明亮的草代替了。

化石燃料燃烧产生的粉尘粒子进入大气中，通过直接反射阳光，以及进入云层中阻碍辐射，也会改变地球热辐射平衡。飞机飞行排放的水蒸气——凝结尾流——也形成云，但它们对全球变暖的贡献是非常小的。

除了人类对气候的影响以外，自然也对气候造成影响。火山爆发可以对气候产生相当大但通常是短暂的影响。我们没有理由相信火山活动是一种长期趋势。太阳向地球输出的能量变化是一种趋势，但与温室气体浓度的变化对气候的影响相比非常小。慢深海洋动力学诱发大气半正规循环是以数年、几十年，甚至更长时间为生命周期的。

我们对温室气体排放的辐射强迫效应的理解比对其他辐射强迫效应的理解更充分，一部分原因是我们尚不能对相关的物理和化学过程有真正的理解(因为它比温室效应更复杂)，另一部分原因是工业革命前的数据有缺陷。

气候变化的不确定性比辐射强迫的不确定性更大。全球变暖的程度是由气候系统中辐射强迫数量和辐射返回的量决定的。最重要的是，温暖的空气中含有较多的水蒸气，水蒸气也是一种温室气体。最大的不确定性是云的形成。云可以吸收太阳辐射的热量，而且为地球保温。在一定的特定空间内，形成云的物理学过程的复杂程度比用气候模型进行分析要简单一些。因此，不同的模型使用不同的云参数，这些参数在当前的气候中基本相同，但在变迁的气候中是不同的。

海洋是另一个主要的不确定性因素。如果大气变暖，海洋表面的水也会变暖，海水就会变深。海洋吸收能量的速度决定了大气变暖的速度。海洋变暖的速度取决于其复杂的垂直和水平流动的模式。对深海的近期调查研究很少，所以海洋环流模型受到数据缺乏的制约。

还有来自其他方面的连锁影响。化石燃料燃烧排放的气溶胶直接影响大气的辐射强迫效应，对云的形成起重要作用（从而间接影响辐射平衡)。人类已经大规模地改变了地球表面的植被，从而改变了地表颜色和红外线反射率。人类还影响了营养物的循环（氮氧化物、磷酸盐)，从而改变了植被、红外线反照率和碳循环。

相关模型表明，20世纪在包括陆地、海洋、有人居住的六大洲在内的全球范围内的观察结果是，气温是平稳的。有两种情景下的模型重建类别：一种是预设已知辐射强迫情景模型，一种是无辐射强迫的自然状态情景模型。如果将所有的阻扰都包括在内，得到的某些地区的气温观测值在模型预测值范围之内。如果忽略人类活动产生的辐射强迫，得到的观测结果则在模型预测值之外。这表明，我们不得不将气候变暖的原因，至少是部分原因归咎于人类活动。

图1–5描述了与二氧化碳存量与流量有关的碳循环。在工业化前的时代，CO_2主要在大气、海洋和陆地植被三个碳储存主体之间进行循环流动。每个碳储存主体都储存大量CO_2，CO_2循环通量也很大，例如，植被在夏季生长而在冬季死掉。另一个碳的储存主体是化石燃料。在自然循环情况下，化石燃料并不是碳循环的重要角色。然而，人类的开发使碳流动了起来。虽然化石燃料燃烧排放的二氧化碳与自然循环的排放相比数量不大，但是，与自然排放不同，它不能实现碳通量平衡。虽然人类排放的碳有一部分被植被和海洋吸收，但大气中CO_2浓度增加，强化了温室效应。

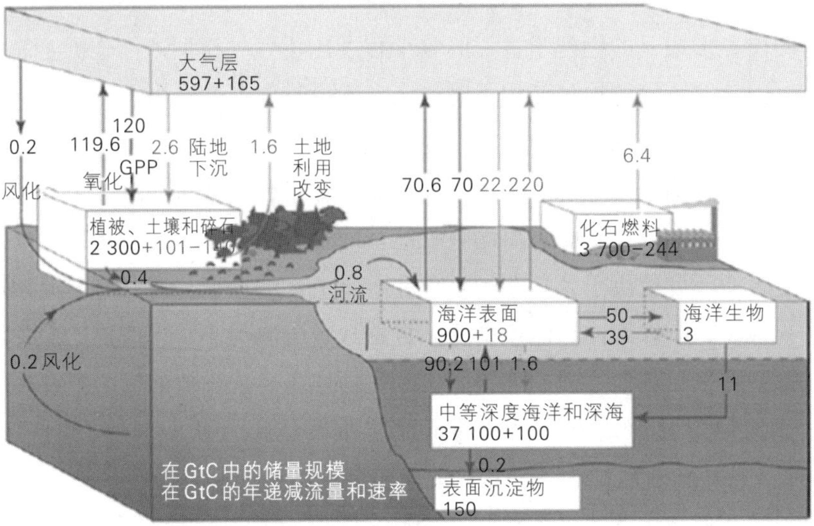

注：存量在方框里表示，流量用箭头表示，黑色数字表示工业化前的数值，红色数字表示之后的变化。

Source：IPCC WG1 AR4 Ch7.

图1–5　碳循环

1.2　预测**

图1-6显示了20世纪的模型重构情况。图1-6采用同样的模型模拟21世纪碳排放的情景[1]（见2章）。模拟结果显示，在21世纪，全球大气温度可能升高1.4°C到4.2°C，而20世纪最高上升近0.8°C。

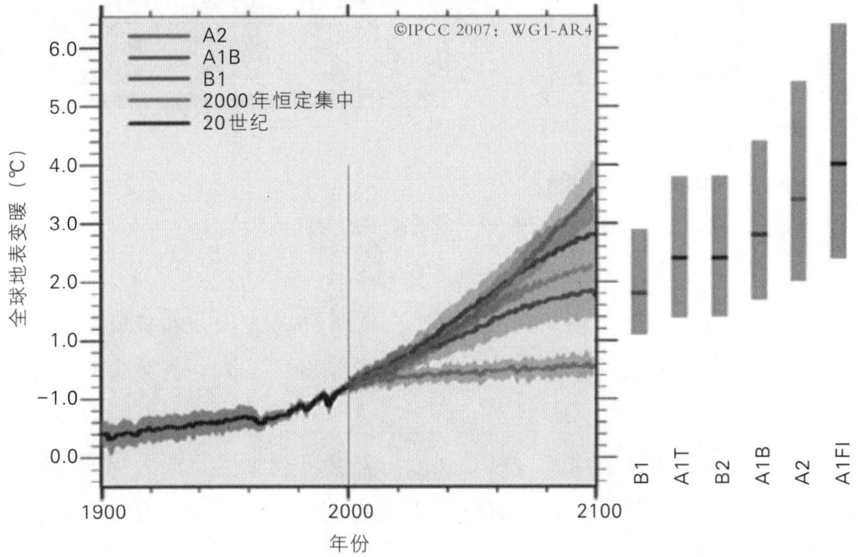

Source：IPCC WG1 AR4 SPM.

图1-6　20世纪所观测的、21世纪所展望的全球地表平均温度变化

图1-7给出了气候变暖的空间格局。气候变暖在接近两级的所有陆地比所有水域更明显，冬季变暖比夏季更明显，夜间比白天更明显。模型支持这些概括性的结论。

关于降雨量变化的模型很少有一致意见。根据在线资料的图1-1，在全球很多地区，模型甚至不支持气候变化的说法。然而，（亚）热带地区有可能变得更干燥，而高纬度地区将会变得多雨——这意味着，在南半球，

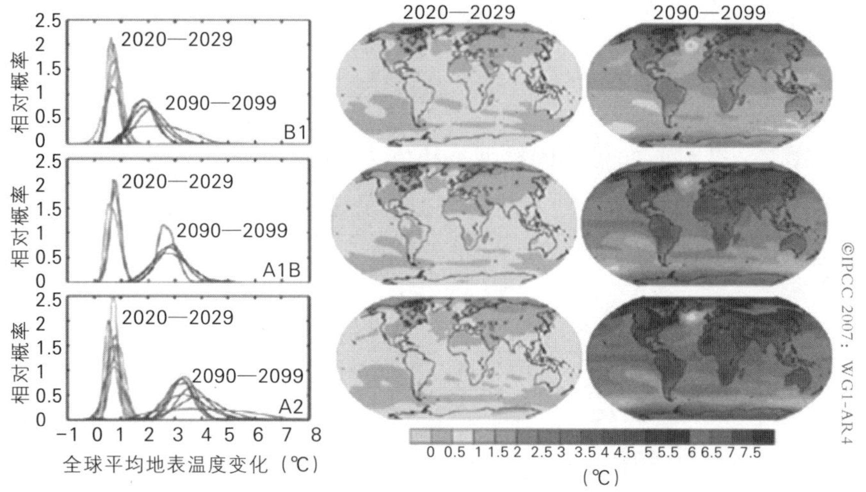

Source：IPCC WG1 AR4 SPM.

图 1-7 预测气候变暖后的空间格局

更多的雨将落在海上（这是没有用的）。在温带地区，冬天会更潮湿，夏季会更干燥。由于天气变暖，旱季过后降雨强度会加大，甚至会有更多大暴雨。

在热带地区和其他地区，风暴强度可能会变得更大，最大风速可能会提升。没有证据表明风暴的频率将发生大的变化；或者说，没证据表明热带风暴会延长周期。

天气变暖海水会膨胀，海平面将上升。对一部分人来说，这将是灾难性的。一杯热茶水不会因为冷却而明显收缩体积。然而，海洋平均三千米深，如果海水体积膨胀 0.01%，那么海平面将上升 30 厘米。预计海平面在 21 世纪由于热膨胀会上升 10~40 厘米。图 1-8 也展示了对万物都有影响的气候模型结果的复杂性。小冰帽和冰川融化会使海平面再上升十厘米左右。虽然冰川戏剧性地消失令人印象深刻，但它们带给海洋的水量却相当有限。通常漂浮在北极的海洋浮冰融化并不会导致海平面上升，因为浮冰本身就在海水之中。大冰盖和在南极格陵兰冻结的冰川大陆架所凝结的水量巨大。如果南极冰川大陆架融化或滑入大海（滑入的速度会更快），海平面将上升5～6米。如果格陵兰冰盖融化，海平面将上升6～7米。如果南极东部冰川大陆架融化，海平面将上升60米。如果南极西部与格陵兰岛冰川大陆架不能继续在这个千年幸存下来，那将意味着世纪末日来临。

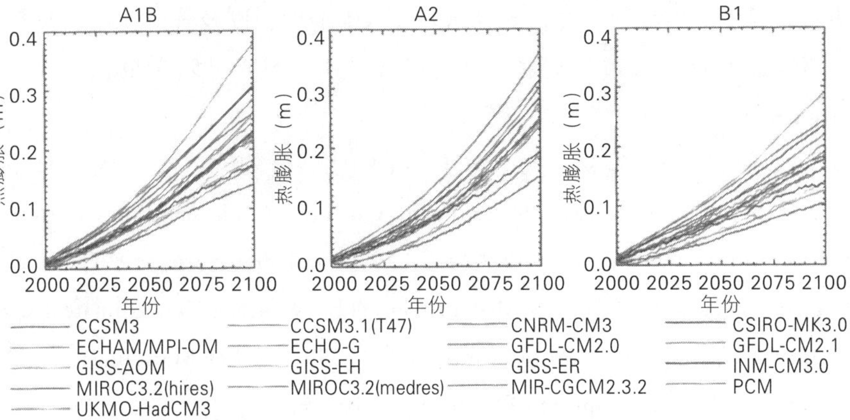

Source：IPCC WG1 AR4 Ch10.

图1-8　预计21世纪海平面上升高度

正如线上资料中的图1-2所示，海平面上升并非均匀分布。这是因为气候变暖是不均匀的，从而产生洋流把水从一个地方传送到另一个地方。在南极的冰量如此之多，是因为重力把水吸引到此。如果南极冰川全部融化，海平面或许将平均上升70米，尽管水资源在全球是平均分布的，但欧洲海平面将会上升100米。

图1-5显示，在海洋中含有大量二氧化碳。海洋生物仅凝聚了不多的碳，大部分的碳溶解在海水里。大气中的二氧化碳分压与海洋中的二氧化碳压力相等。因此如果大气中二氧化碳增加，海洋中的二氧化碳也会增加。二氧化碳（溶于水）的专有名称是碳酸，因此，海洋中的二氧化碳浓度升高的后果与其说是海洋的碱性下降不如说是海洋变酸。

延伸阅读

每六年，政府间气候变化专门委员会第一工作组出版一次基于自然科学的气候变化重要评估报告。报告提供的信息被分成几个层次：针对高层决策者提供的综合性摘要，更具体的技术性摘要，以及针对大众的包含多个章节的有许多细节与文献信息的报告。这些报告可以在 http：//www.ipcc.ch/网站查找到。

气候研究颇受争议。关于这些争论的比较好的论述包括Mike Hulme所著的Why We Disagree About Climate Change：Understanding Controversy，Inaction，and Opportunity（2009），Donna Laframboise所著的The Delinquent Teenager Who Was Mistaken For The World's Top Climate Expert（2011），以及Andrew W. Montford所著的The Hockey Stick Illusion：Climategate and the Corruption of Science（2010）等。

注释

1　成功的预测是实证研究的最终目的。预测有不同类别。“太阳会在明天5点28分升起”是一种无条件预测(在不同日期的大多数不同地方是错误的)。“如果大气中的二氧化碳浓度加倍,地球将升高3°C”是一个有条件预测,它取决于大气中二氧化碳含量的变化。如果我们对未来事件的描述是不完整的,就像在气候变化等大多数现实情况中那样,对气候变化进行预测必须设定条件。在气候研究中,人们比较喜欢在假设条件中进行“情景”和“目标”模拟。在某种程度上,未来的排放量是假设条件下的预测,但系统的边界往往是不清晰的:预测的前提条件是一些模糊的假设,相应的可能性难以评价。对未来气候变化的预测结果是以对未来排放的预测和气候变化的初始状态为条件的。因为初始状态不可能被完全准确地认识,还因为气候系统是混沌的,因此,一个预测仅仅是一个随机过程的实现。它不是一种平均数,或一种众数,或一个百分比。当然,预测在规范研究中扮演着不同的角色。卢卡斯批判性地指出:在一个具有自我意识的系统中预测将改变系统。实际上,涉及政策的预测是有条件的,经常是为了政策调整而进行预测。“如果你不介入,亲爱的决策者,不好的事情将会发生。”在政策范围内,预测的结果往往是自食恶果的预言。因此,一个错误的预测与其说是失败,不如说是一个成功的标志。

[第2章]

排放情景和减排方案

微博专栏

- 化石燃料燃烧是二氧化碳排放的主要来源，单位能源中煤炭排放量最高，其次是石油和天然气。
- 土地利用变化和水泥生产是二氧化碳的其他来源，尤其是工业排放碳卤化合物。
- 水稻种植、牲畜养殖、垃圾腐烂以及气体泄漏等都产生甲烷，农业土壤产生一氧化二氮。
- 二氧化碳排放量等于人口数乘以人均收入乘以单位产出能源消耗再乘以单位能源消耗的排放量。
- 1970—2008年，全世界的碳排放量以每年2.1%的速度增长，而人口增长率是1.5%，收入增长率是1.5%，单位GDP能耗以0.9%的速度下降，单位能源二氧化碳排放以0.01%的速度下降。
- 目前关于未来温室气体排放的情景模拟没有反映出全部的历史经验。
- 没有足够的常规石油和天然气能源从根本上扭转气候变化。未来的气候由它们的替代品决定。
- 减少人口和降低经济增长可以减少排放，但是没有政府会做此选择。

- 技术变革可以减少排放，但是要付出三倍的努力才能使排放量稳定下来。
- 改变行为方式也能减少排放，但是习惯很难改变而且市场的缺陷浪费了大量能源。
- 无碳燃料是另一种选择，但是核能和水力发电并不受欢迎。
- 可再生能源是（非常）昂贵的、不稳定和不可预测的，而且也带有自身的环境问题。
- 二氧化碳可以以一定的代价进行捕捉和存储，问题是其规模、永久性以及安全性。碳捕捉和存储是终端解决方案。
- 减少森林砍伐可以降低排放，但是如果这种方式很容易实行的话很久之前就已经完成了。
- 地球工程是一个冒险的选择。人们担心的是由谁来决定设计全球气候。

2.1 温室气体排放的来源**

温室气体有许多种。图1-4显示了前工业化时代以来不同温室气体的相对份额，图2-1说明了在2000年它们的相对份额。

二氧化碳是最重要的人为温室气体。化石燃料燃烧是二氧化碳的主要来源。当它们燃烧时，碳和氢之间的化学键被破坏了，分别氧化成二氧化碳和水。在这个过程中，净能量被释放。因此，二氧化碳排放产生于燃烧过程：你不可能在不生成二氧化碳的情况下从化石燃料中得到能量。

化石燃料的品种多种多样。单位能源二氧化碳排放量最高的是泥炭（99～117吨 CO_2/万亿焦耳），其次是煤炭（98～109吨 CO_2/万亿焦耳）、石油（73～77吨 CO_2/万亿焦耳）以及天然气（56～58吨 CO_2/万亿焦耳）。

土地利用变化是二氧化碳的另一个主要来源。植物也由碳水化合物组成，当高大的树木被小草所替代，陆地植被形成碳汇的量下降。相当一部分木材被燃烧并形成二氧化碳。

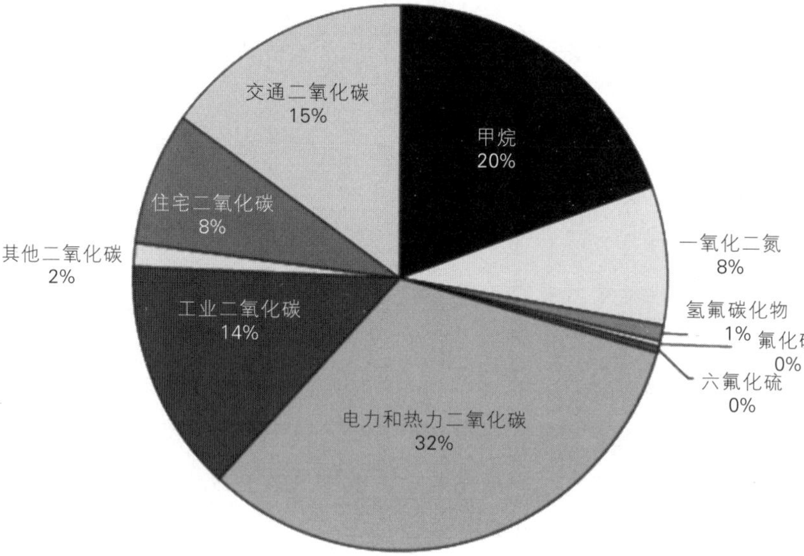

图2-1 2000年全球温室气体种类和排放源（二氧化碳）

水泥生产是二氧化碳一个不大的来源。石灰石在转换成水泥的过程中排放二氧化碳。

甲烷是另一种最重要的温室气体。反刍动物（牛等）是其一个主要来源。草和肉都是碳水化合物，但是草中与每单位碳原子所配比的氢原子要比肉中多。因此，反刍动物与产生甲烷的细菌形成了一种共生关系，细菌用一个碳原子吸收四个氢原子，这就产生了甲烷。这一古老关系由大量的食草动物所共享。有袋动物（袋鼠等）则以生成醋酸而不是甲烷的方式去除氢原子。牛和袋鼠的进化差异表明，不释放甲烷将很难生产牛奶，（与此极为不同的是）却能生产肉。

当植物在有氧环境（有氧气）中腐烂时就会生成二氧化碳，在无氧环境（没有氧气）中腐烂就形成甲烷。因此水稻种植是甲烷的另一个主要来源。水稻是最高效的粮食作物，不生产水稻而生产其他作物会减少甲烷的排放，但同时也会降低粮食的产量。

同样，垃圾填埋场有许多有机物质在无氧环境中会释放大量甲烷。将有机废物堆肥或焚烧可以减少甲烷排放；或者将垃圾填埋场密封，捕捉甲烷燃烧或使其替代天然气也可以减少甲烷排放。

天然气是甲烷的另一种表述。甲烷从天然气的开采和运输过程中泄漏到空气里。天然气通常是与煤炭和石油一起共生的，并在其开采中被释放。

一氧化二氮是第三种重要的人为温室气体，主要是由农业对土地施用氮肥而产生并排放。因此在不影响粮食产量的情况下很难减少其排放。

当然，也存在一系列的工业温室气体。它们不会自然产生，大部分是人工形成。其中大部分是在第二次世界大战以后为了某些特定目的而发明的：冷却剂和推进剂是两个典型的例子。其他气体是工业过程中的副产品：半导体制造和包装材料是两个重要的例子。尽管这些气体排放的绝对数量很小，但是它们是温室效应极强的特殊气体，而且其中的某些气体生命周期长达数万年。

通过替代过程或新产品的研发，或者在可选择的情况下通过改善废物管理来实现减少排放是可行的。

2.2　二氧化碳排放趋势**

Kaya方程是理解排放趋势的一个重要工具。如果仅仅讨论化石燃料燃烧产生的二氧化碳，用如下公式来描述：

$$M = P\frac{YEM}{PYE} \tag{2-1}$$

其中 M 表示排放量，P 代表人口数，Y 是国内生产总值（GDP），E 表示能源消费。因此，Kaya方程认为，排放量等于人口数量乘以人均收入乘以能源消耗强度（每单位经济活动所使用的能源）乘以碳排放强度（每单位能源消费的碳排放量）。这是一个恒等式。对等式（2-1）右边进行简化消除只剩一项，因此，$M = M$。

尽管恒等式是有用的，但是用比例增长率来表达更为有效。对等式（2-1）两边取对数并对时间进行一阶偏导，得到：

$$\frac{\partial \ln M}{\partial t} = \frac{\partial \ln P}{\partial t} + \frac{\partial \ln(Y/P)}{\partial t} + \frac{\partial \ln(E/Y)}{\partial t} + \frac{\partial \ln(M/E)}{\partial t} \tag{2-2}$$

因此[1]，碳排放的增长率等于人口增长率加上人均收入增长率加上能源强度增长率再加上碳排放强度增长率。

图2–2显示了1970年到2010年间全球二氧化碳排放情况。二氧化碳排放量以每年2.1%的速度增长。为什么？Kaya方程可以帮助我们解释过去的趋势。在同一时期内，人口每年的增长速度是1.5%，因此每年人均碳排放量增长0.6%。人均收入每年增长1.5%，同样略低于碳排放的增长率。总收入每年增长3.0%，远快于碳排放量。这主要是因为生产的能源强度每年下降了0.9%。能源系统的碳排放强度也在下降，但是每年只减少了0.01%。[2]

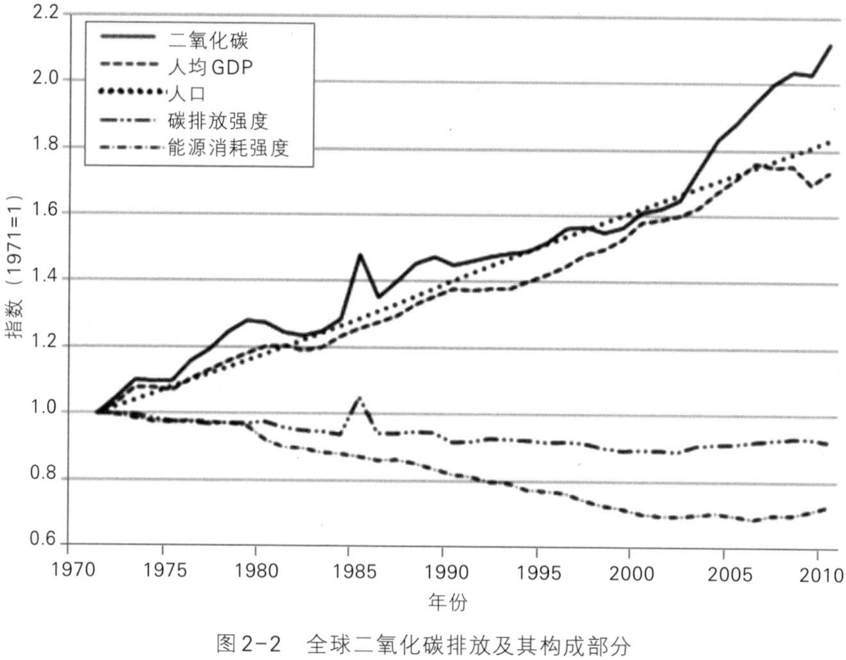

图2–2　全球二氧化碳排放及其构成部分

Kaya方程还使我们能够计划未来的碳排放量。我们需要建立一个人口增长、经济活动、能源利用和能源供应的情景。

最后，Kaya方程能够评估如何减少碳排放。我们可以减少人口或收入，或者改善能源或碳的使用效率。

2.3　未来排放情景**

图2-3显示了未来气候变化的三个可选择情景（加上一个诊断的情景）。这些情景是在对人口、经济和技术进行假设的基础上确定的，但各个假设并不是相互独立的。例如，穷人往往寿命较短且孩子较多，科技进步推动经济增长。

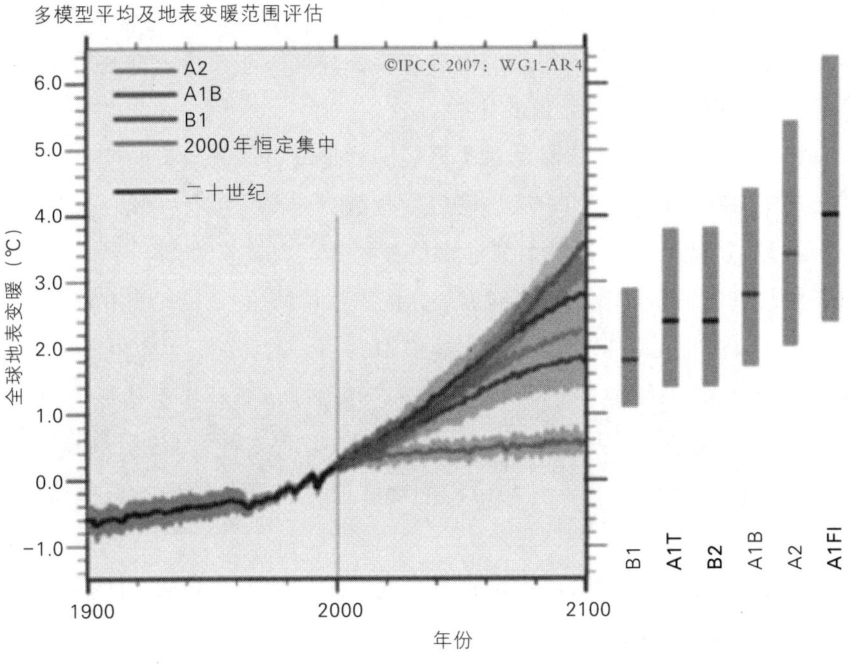

Source：IPCC WG1 SPM.

图2-3　所观测到的及所预测的全球平均地表气温

尽管近几十年来我们对长期发展过程的理解能力已经大大提高了，但是我们仍然没有任何信心去对一个世纪或更长的时期进行预测。因此，我们用情景模拟替代预测。情景不是预言，而是演绎在一定内部逻辑下未来可能发生的事情。

如上所述，Kaya方程对设定未来情景是有用的。排放情景必须包括人口数量，但也应包括人口年龄结构（因为年龄影响消费和储蓄的决定，因此影响经济增长）、受教育程度（因为教育推动劳动生产率提高）以及城镇化水平（因为城镇化影响旅游和交通运输，从而影响能源使用情况）。排放情景必须包括人均收入，但也应包括经济结构（因为某些行业单位增加值产出消耗的能源比其他行业更多）和消费模式（因为基于牛肉和水稻的饮食比基于羊肉和小麦的饮食释放更多甲烷）。排放情景还必须包括经济生产活动的能源消费强度，并可能包括一系列初级和最终能源消费结构，因为电气化交通运输比液体燃料交通运输的排放量更容易减少。排放情景必须包括能源部门的碳排放强度，并且可能包括土地利用、农业和排放工业温室气体的经济部门。

模拟气候变化的情景有两种类型。一种是没有气候政策的情景（尽管二十多年来一些国家事实上实施了气候政策，使得“没有气候政策”这个用词越来越不恰当），这种情景通常仍被称为“常态”情景。另一种是实施气候政策的情景。我们将在第8章分析第二种情景。

图2-4给出了常态情景下的主要模拟案例：政府间气候变化专门委员会（IPCC）关于排放情景的特别报告（SRES）。把世界看作一个整体，以1990年为指数1。从1990年起，根据Kaya方程对此情景进行分解，为了进行对比，我们将1970—2010年的观察值也在图中给出。这些情景通过六个替代模型实现。

图2-4显示了在这些模型模拟结果的平均值加上或者减去两倍标准偏差的情况。

关于人口变化我们设计了三种情景，针对其他因素设计了四种情景。这意味着IPCC假设人口增长与人均收入相互独立，并对出生率和死亡率按照常规进行了假设。在所有情景中人均收入都假设按指数增长，并且有些地区增长十分迅速，尽管我们知道世界上的一些地区的人均收入在过去几乎没有增长。所有情景都显示能源效率得到了平稳的改善，并且改善速度超过了过去四十年的经验。同样，尽管最近的历史数据显示碳排放强度有增有减，但所有的情景都显示碳排放强度会一直稳定降低。尽管模型具有强假设，

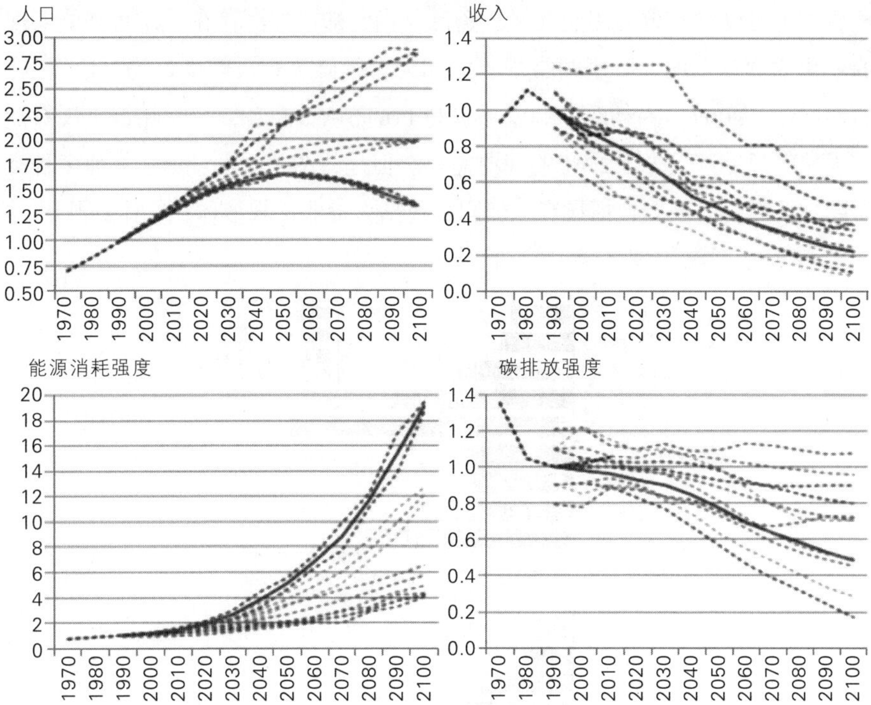

注：

A1棕色：低人口、收入非常高；A2蓝色：高人口，低收入；B1橘色：低人口，高收入；B2绿色：中等人口，中等收入。

数据以1990=1为指数，虚线是置信区间95%。

由于本书为黑白印刷，彩色原图见：https：//sites.google.com/site/climateconomics/extra-graphs/0-2-scenarios。

图2-4　根据Kaya方程全球分解的SRES情景

但SRES情景模拟产生了广泛的影响，已经成为研究气候变化、制定减排政策等方面的基础。

化石燃料的可供给性对任何未来二氧化碳排放情景都是至关重要的一部分。图2-5显示了不同类型化石燃料的储量和资源的预测。这一预测来自世界能源理事会对2010年能源资源的调查，此时页岩气革命超出了美国的边界并处于起步阶段。储量预测是指在现有技术基础上、在当前价格和成本下可以被有效利用的数量。资源是指已知或推测存在并在将来能实现商业化的数量。图2–5表明常规石油和天然气储量相对较少，为3 170亿吨石油当量。2009年的初级能源使用量是116亿吨石油当量。因此，常规石油和天然气只能满足未来27年的能源需求。但是，图2–5也显示了其他多种类型的化石燃料，当然包括煤炭，但同样包括大量非常规液体和气体资源。

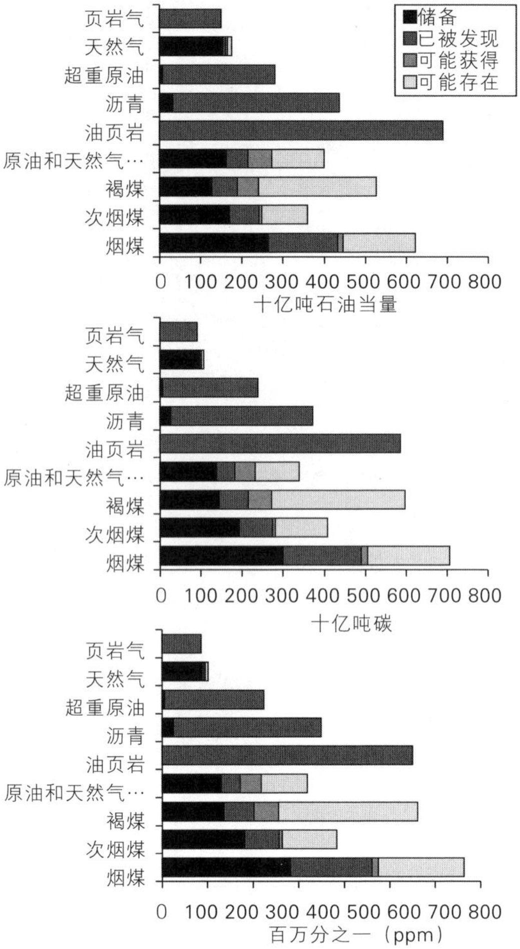

图2–5 2010年化石燃料储备和资源评估（顶部平面图），它们的含碳量（中间平面图）及隐含二氧化碳浓度（底部平面图）

图2-5中第二个平面图显示的是如果这些化石燃料全部燃烧所产生的二氧化碳排放结果。相比之下，2008年全球二氧化碳排放量达300亿吨，假设我们保持当前的年排放量，我们还可以持续排放100年或更久。第三个平面图显示了如果所有可用的化石燃料全部燃烧完毕对大气温室气体浓度产生的影响。常规石油和天然气仅仅贡献了大约100ppm。其他化石燃料的储量和资源贡献另外的1 500ppm。

这意味着气候问题不是由常规石油和天然气驱动的，而是由常规石油和天然气耗尽后的替代品引起的。因此未来能源领域将非常不同。不同的公司和国家将会占主导地位。技术也会发生巨变，数万亿美元将用于投资新设备和基础设施。

2.4　减排方案**

Kaya方程确定了减少排放的主要选择。

苏联的解体及其后果表明，降低人均收入水平是减少温室气体排放的有效途径。大萧条进一步证实了经济增长对排放增长的影响力度，但放缓经济增长不会被推荐给寻求在竞选中连任的政治家。

这意味着在Kaya方程的四项排放因素中只有两项是可以用于减排政策的。

能源效率的改进促进了二氧化碳排放的增加（见图2-2）。即使没有气候政策，未来的能源效率也会进一步改善，这是因为能源消耗是一种成本。与其竞争对手相同的一个小装置，使用能源越少越能吸引顾客。因此公司会对改善产品的能源效率进行投资。

能源效率的提高并不一定就意味着能源使用的减少。例如，1980年到2010年间美国汽车的燃油效率几乎以一种恒速提高，这是一个了不起的工程壮举，但是在这一时期汽车的尺寸和重量大大增加。因此，提高燃油效率的效益不是减少能源使用，而是增加舒适度。这被称为是“逆反效应”。更高的能源效率意味着更低的能源成本，也意味着更高的能源消费。例如，改善房屋的隔热性常常导致室内温度较高而不是降低能源消耗。

有许多其他选择没有被Kaya方程所体现。以上是Kaya方程对化石燃料燃烧排放二氧化碳的解释。

Kaya方程分析的是关于排放的结构性原因和结构性解决方案。还有一种终端解决方案——碳捕捉和存储（CCS）：将捕捉和存储的二氧化碳在燃烧之前、期间或之后进行分解，运输存储到安全的地方。碳捕捉需要资本和能源。进行碳捕捉的电厂比没有碳捕捉的电厂投资成本要高25%，并且30%的能源产出要被用于进行碳捕捉，其运输也是昂贵的。据估计，如果我们想要捕捉到所有发电产生的二氧化碳，所需的运输网络比石油和天然气所需运输网络要大好几倍。主要的问题是存储的永久性和安全性。如果二氧化碳会泄漏，那么对其存储就没有什么意义。存贮的二氧化碳的突然释放也会危害人类和动物的生活。

除了化石燃料燃烧会排放二氧化碳，土地利用变化也会释放二氧化碳。减少这些排放需要放缓森林砍伐的速度，甚至是植树造林。这样做还有其他的理由。热带森林的生物丰富多样，上游的森林防止下游发生洪水；红树林保护海岸阻隔海浪和风，为动物提供食物和住所；农林促进水土保持和作物多样化。然而，尽管许多人试图减缓森林砍伐，但砍伐仍持续快速增长。这表明，这种做法是困难且昂贵的。除非给那些决定砍树的人提供更有利可图的选择，否则他们将继续砍下去。

值得注意的是，气候政策甚至可能加速森林砍伐。生物能源需要土地。在东南亚，棕榈油种植园取代了原始森林。在南美洲，甘蔗农场迫使其他作物到牧场种植，并使得牧场进入热带雨林。

正如上面所讨论的，在乳制品、大米和某些肉的生产中甲烷排放是固有的。尽管技术措施可以降低一点点排放量，但更实质性的减排需要的是控制量——减少奶产量、减少大米产量、生产不同类型的肉。减少一氧化二氮的排放需要更规范的化肥使用和更多的其他作物管理措施，以避免食物产量的下降。废物填埋处理和采矿释放的甲烷可以被捕捉并作为燃料使用。如果有足够高的投资额，几乎所有的排放都可以被捕捉到。同样，如果愿意支付代价，泄漏的天然气管道可以以任何标准进行修理而防止泄漏。工业气体可以被其他物质替换，但目前它们不是更昂贵就是执行效果较差。

最后，我们引入地球工程。设计地球工程的目的不是为了阻止气候变化，而是把气候变回来。从对海洋上空喷水到在大气层中吸收气溶胶和在太空中放反射镜等，有很多种方法来实现这一目标。地球工程乍听上去很有吸引力，因为它便宜而且不需要很多国家进行合作。然而，不确定性是气候科学的主要特征之一。如果我们不知道向大气中排放二氧化碳的后果，我们怎么知道投放多少硫气溶胶来抵消二氧化碳的影响？即使成功，地球工程也是有风险的。如果气候变化问题得到解决，我们如何说服政策制定者继续在几十年、甚至可能是几百年间连续不断地投资地球工程呢？

延伸阅读

政府间气候变化专门委员会的第三工作组每六年发布一次对主要温室气体减排的评估。这些评估信息按照几个层次发布：针对政策制定者的高信息强度摘要，更具体的技术性摘要，以及针对大众的包含多个章节的有许多细节与文献信息的报告。这些报告可以在http：//www.ipcc.ch/网站上找到。2000年，政府间气候变化专门委员会（IPCC）发布了一份关于排放情景的特别报告，也可以在同一网址找到。IPCC的最近情景报告被称为“典型浓度路径情景和共享社会经济路径。”（van Vuuren et al.，2011，Climatic Change）。

IDEAS/RePEc对这个主题有精选书目，参考网址：http：//biblio.repec.org/entry/tda.html。

练习

2.1　从1970年到2004年，能源效率应该以什么速度进行改进以保证全球二氧化碳排放保持不变？同样，碳效率的改进呢？这些数字与观察到的趋势对比结果如何？

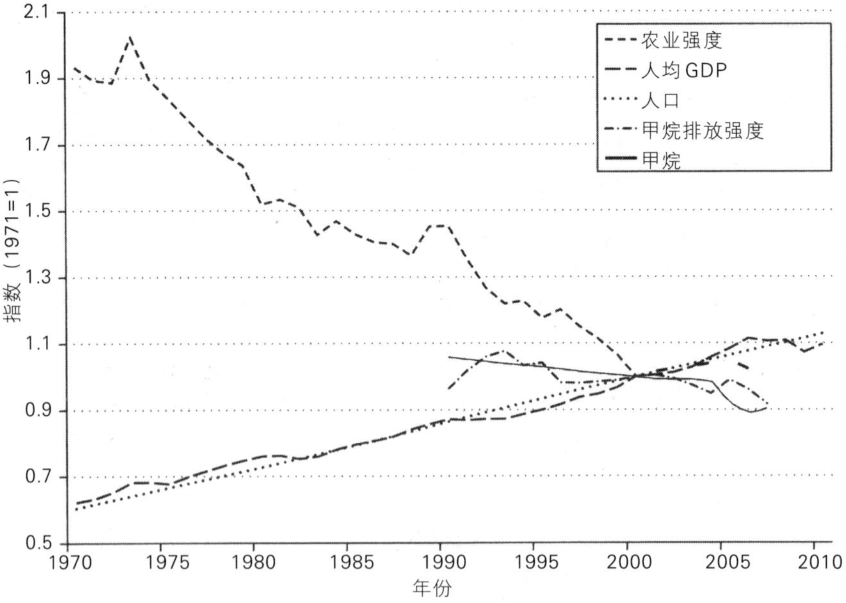

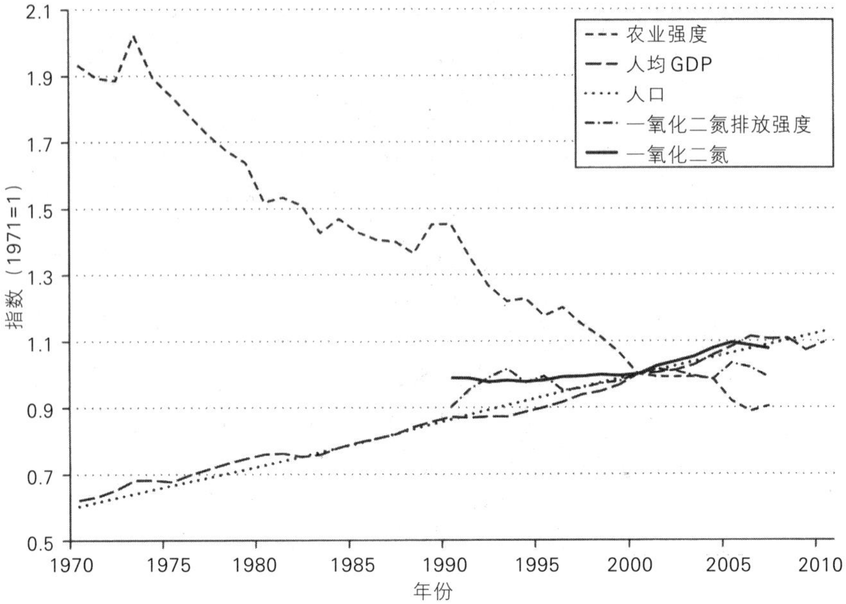

图2-6　全球农业甲烷排放（顶部平面图）和农业一氧化二氮排放

（底部平面图）及其构成要素

2.2　图2-6显示了农业排放甲烷和一氧化二氮的Kaya方程。在这种情况下你会如何定义Kaya方程？对结果进行讨论。

2.3　阅读与讨论

- **D. Helm，R. Schmale and J.Philips（2007），Too Good to be True? The UK's Climate Change Record. http：//www.dieterhelm.co.uk/sites/default/files/Carbon_record_2007.pdf.
- **D. Diakoulaki and M. Mandaraka（2007），'Decomposition analysis for assessing the progress in decoupling industrial growth from CO_2 emissions in the EU manufacturing sector'，*Energy Economics*，29，636-664.
- ***G.P. Peters and E.G. Hertwich（2008），'CO_2 embodied in international trade with implications for global climate policy'，*Environmental Science and Policy*，42（5），1401 - 1407.
- ***G. Baiocchi and J.C. Minx（2010），'Understanding changes in the UK's CO_2 emissions：A global perspective'，*Environmental Science and Technology*，44，1177-1184.
- ****M.D. Webster et al.（2003），'Uncertainty analysis of climate change and policy responses'，*Climatic Change*，61，295-320.
- ****M.D. Webster and C.-H. Cho（2006），'Analysis of variability and correlation in long-term economic growth rates'，*Energy Economics*，28（5-6），653-666.

注释

1 $\frac{\partial \ln X}{\partial t} = \frac{1 \partial X}{X \partial t} = \frac{\dot{X}}{X}$

2 当然，1.6+1.7−1.0−0.1=2.2而不是1.9，产生差别的原因是乘法分解有缺陷。

[第3章]

减排成本

微博专栏

- 降低排放需要成本，因为它迫使企业和家庭使用更昂贵的能源与技术。
- 如果政策设计得漂亮并且减排是渐进的，那么经济可以在忽略不计的成本下实现完全脱碳。
- 假设没有气候政策，削减温室气体的成本估算会有很大不同。
- 模型因经济的调整适应程度和研究开发对气候政策的响应程度不同而异。
- 二度目标可能在物理上不可行。现在如果没有所有大国的强力政策支持，其不具有可行性。
- 一个初始较低但持续增加的碳税可以稳定气候。一个强化的目标需要一个初始较高的碳税。
- 资本存货周转、技术进步、贴现率和碳循环都要求减排渐进式启动。
- 在完善的市场下减排需要付出成本。在不完善的市场下减排同样需要付出成本。
- 气候政策可能会改善市场的不完善，这至少会部分抵消减排成本。
- 碳税或许可证拍卖的收入可以用来改进税收体系的结构。

- 如果税收基础较窄、价格弹性较大以及最初的税收水平较高，那么税收就更加扭曲。
- 在欧洲，税收负担应该从劳动者转向排放者。这甚至可能刺激增长。
- 明智的气候政策需要政治体制能够提供适当的财政改革，而这种改革尚不到位。

3.1 减排成本**

降低排放需要成本，我们可以从诸多方面对此进行分析。没有气候政策，排放温室气体都是免费的。有气候政策，排放不再免费。现在不再像过去一样免费，因此，排放成本增加了。或者，你可以从数学的角度看待这个问题。气候政策给最大化问题加入了一个新的限制量。如果在限制数量以内，也就是排放量低于不受限制时的数量，那么目标函数一定下降。换句话说，气候政策迫使人们和企业使用不同技术和不同燃料。没有气候政策，这些技术和燃料都是可用的，但是人们不会选择使用它们，或使用的程度不会相同。更具体地说，气候政策让人们和企业比自由决定时对节能投资更多，并且使他们转向更昂贵的能源资源。这是要付出成本的。

与任何其他政策一样，气候政策的成本很难估算。大多数气候政策分析在事前就完成了。我们在假设的情况下，或者更确切地说，在两个假设的情况下通过成本估算来研究有没有气候政策的社会福利差异。如果我们评价过去政策的影响，我们只观察历史，而没有政策支持的“历史”——这是一个反事实的假设——会发生什么。因此，成本估算必须依靠模型。为了进行事前政策分析，我们要运行两个模型并进行比较，进行事后政策评估我们只需要根据实际发生的情况运行一个模型与实际进行比较。[1]成本估算的效果取决于所使用的模型质量。

并不是所有的模型都一样有效。一些分析师称，所有在节约能源上的投资都是因为气候政策——尽管事实上气候政策出现之前，能源效率一直在改善（见图2-2）。众所周知，乔治·布什（George W. Bush）曾承诺十多年后要提高14%的能源效率，尽管美国的历史趋势是每十年提高18%。同样，其他人声称对可再生能源的所有投资都可以归因于气候政策。事实是，可再生能源在许多领域的应用本身有利可图。例如，如果输电距离足够大，太阳能就优于其他电力来源。

减排成本的估算相差很大，部分原因是所有的估算都是以模型为基础，部分原因是没有既定气候政策对模型进行检验。然而，大多数研究认为如果政策是聪明的、全面的和渐进的，那么一个完整的脱碳经济可以以合理的成本实现。这些条件将在第4章进一步讨论。

然而，在减排需要付出多少成本方面模型得到的结论并不一致。表3-1表明，对减排成本的估算结果不在一个数量级上。导致这一现象的原因很多。建模者关于什么措施可用来减少温室气体排放以及其成本是多少的假设是不同的。显然，如果一个模型没有考虑某一减排途径，比如推广氢燃料电池家庭轿车，或假设其成本很高[2]，此模型会得出减排成本很高的结论。反之亦然，如果一个模型假定存在一种可能，比如煤炭储存能力无限，其成本会比通常认为的更低，该模型会得到减排成本不是很高的结论。

技术变革的速度是未来减排成本的一个关键因素。例如，碳中性能源（太阳能、风能、核能）和碳排放能源（煤、石油、天然气）的成本差异是一个核心的假设：如果太阳能只比煤炭略贵，那么减排是廉价的。过去和现在的成本差异是已知的，但未来这种差异必须靠假设。如果碳中性能源的技术进步比碳排放能源更快，比如太阳能变便宜的速度比煤炭快，那么碳减排成本更低。不同模型对技术进步速度做出的假设是不同的。

一些模型假设，作为对气候变化政策的反应，碳存储技术在加速进步。另一些模型则没有做此假设。在有反应假设的模型中，有些模型假设加速能源技术进步没有机会成本，另一些模型则包含机会成本。这些假设进一步解释了为什么减排成本估算存在巨大差异。

如果一个模型假定高价格弹性、高替代弹性和资本快速贬值，那么相较于低价格弹性、低替代弹性以及资本存量周转率缓慢的模型其成本估计更低。后一模型假设能源利用领域被碳密集型路径锁定，使得转变能源利用方向变得艰难且成本巨大。

最后，一些模型假设在没有气候政策的情景下，温室气体排放量不会快速增长。因此，减排目标触手可及。其他模型假设温室气体排放量增长迅速，因此为了实现减排目标需要持续努力。

表3-1显示了不同政策情景的模拟结果。这里有一个小问题：长期目标的浓度是所有年份的上限，还是只是最后一年的上限？由于后期约束比前面的约束更少，这使得任何模型都有区别。然而，在碳循环和能源系统中有如此多的影响因素，因此，这一区别很小。除此之外，我们将不得不依靠碳循环的自然过程来消除大气中多余的二氧化碳。这对过度减排施加了限制：在大多数情况下，优化路径是从低向目标靠近。

然而，表3-1中一些模型假设，生物质发电加上碳捕捉和存储是一种可以规模化减排的路径。这是负碳能源：植物生长时吸收二氧化碳。在一个普通的生物质发电厂，大约相同数量的二氧化碳又被释放了。但如果碳被捕获和存储，净效应就是移除了大气中的二氧化碳。这意味着到本世纪末我们可以消除早些年的过量排放。在这种情况下，我们可以在中间年度更大程度上超目标排放并节省成本。

贫穷国家参与气候政策是政策情景的另一个变量（见表3-1）。在某些情景中，从2015年起每一个国家都开始减排。在其他情景中，只有富裕国家开始减排，贫穷国家开始得明显较晚。这对估计减排成本有很大影响。如果排放的一部分不包含在减排总量之内，那么，为了实现同样的目标，其余部分不得不减排更多。由于减排成本与减排的努力程度并不是线性关系，这必然推高减排总成本。此外，在贫穷国家可以找到许多低成本减排路径，其中一部分原因是这些国家经济活动中使用的技术较为落后、效率较低，另一部分原因是在较贫穷的国家，货币的购买力更强。

表3-1　温室气体减排的总成本估计

目标	650ppm		550ppm				450ppm			
数值范围	以下		以上		以下		以上		以下	
非经合组织	现在	以后	现在	以后	现在	以后	现在	以后	现在	以后
模型1	−0.2	0.5	4.8	6.4	5.1	7.4	36.2	78.6	54.4	×
模型2	13.4	18.8	30.4	48.2	30.9	64.1	123.4	×	×	×
模型3	23.8	18.9	33.9	26.3	38.0	×	56.7	×	×	×
模型4	1.4	1.2	3.8	5.1	5.1	10.2	×	×	×	×
模型5	15.6	17.3	29.7	×	32.7	×	×	×	×	×
模型6	7.2	7.8	16.2	29.8	18.8	35.7	×	×	×	×
模型7	2.2	6.5	4.4	9.1	10.9	×	11.9	×	×	×
模型8	2.2	na	5.9	na	12.4	na	27.9	×	×	×
模型9	2.4	3.1	5.3	6.7	6.5	×	15.5	32.8	25.7	×
模型10	13.0	12.8	44.3	59.8	44.3	59.8	×	×	×	×
模型11	1.9	2.6	27.9	39.7	32.1	64.5	×	×	×	×

注：成本是21世纪减排成本贴现的净现值。成本单位是万亿美元。表中给出的数据是11种不同的模型和变量、在不同的稳定目标（用二氧化碳当量ppm表述）、达成目标的不同数值范围（以下是指目标一直都是浓度上限；以上是到2100年终极的目标，期间可能会超过此目标）、不同的参与者（非经合组织的国家在近期开始减排或者在本世纪后期开始减排）参与、实施3×2×2种政策组合情景下的模拟结果。×标记是不可行的情景。

Source:L.E. Clarke，J.A. Edmonds，V. Krey，R.G. Richels，S.K. Rose and M. Tavoni（2009），'International Climate Policy Architectures: Overview of the EMF22 International Scenarios'，Energy Economics，31 （S2），S64 - S81.

在表3-1中浓度目标是第三个政策变量。目标越严格，成本越高，并且从更宽松的目标到更雄心勃勃的目标，成本增长十分迅速。多数模型没有模拟最严格目标的成本，其原因可能是下面三个原因中的一个。第一，碳循环的假设不支持模型实现目标。第二，排放和减排的假设不支持实现目标。第三，模型可以实现这个目标，但成本过高，模型研制者不愿报告结果。不管是什么原因——物理、技术或者政治——表3-1中最严格的目标很可能是鞭长莫及的。正如预期：总是有一些事情不能做。然而，表3-1中450ppm二氧化碳当量目标与有一半的概率可以达成欧盟和联合国

2°C的目标是相符的。

表3-2与表3-1相对应，给出了同一套模型和相同情景下减排的边际成本的模拟结果。其设想的是在2015年所有（成员）国家对所有经济活动排放的所有温室气体均征收碳税的理想状况。对每一种政策情景来说，模型模拟的结果同样呈现出不同的数量级。为实现最低的严格目标，初始碳税需要适中，但要不断增加强度。

表3-2　　温室气体减排的边际成本（美元/吨二氧化碳当量）

目标	650ppm		550ppm				450ppm			
数值范围	以下		以上		以下		以上		以下	
非经合组织	现在	以后	现在	以后	现在	以后	现在	以后	现在	以后
模型1	3	5	8	13	10	24	77	214	1 297	×
模型2	20	43	51	147	52	239	260	×	×	×
模型3	14	16	27	28	27	×	28	×	×	×
模型4	1	1	11	12	16	92	×	×	×	×
模型5	13	27	43	×	52	×	×	×	×	×
模型6	9	13	29	154	35	256	×	×	×	×
模型7	6	35	7	35	26	×	15	×	×	×
模型8	6	na	12	na	27	na	70	×	×	×
模型9	4	7	8	10	14	×	20	53	101	×
模型10	10	11	40	67	30	67	×	×	×	×
模型11	3	6	4	36	22	131	×	×	×	×

注：边际成本是2020年的情况，并且仅包括（共同）参与国家。边际成本用每吨二氧化碳当量的美元计价表示。表中数据是11种不同的模型和变量、在不同的稳定目标（用二氧化碳当量ppm表述）、达成目标的不同数值范围（以下是指目标一直都是浓度上限；以上是到2100年保持的目标，期间可能会超过此目标）、不同的参与者（非经合组织的国家在近期开始减排或者在21世纪后期开始减排）参与、实施3×2×2种政策组合情景下的模拟结果。×标记是不可行的情景。

Source:L.E. Clarke，J.A. Edmonds，V. Krey，R.G. Richels，S.K. Rose and M. Tavoni (2009)，'International Climate Policy Architectures: Overview of the EMF22 International Scenarios'，Energy Economics，31 (S2)，S64 - S81.

表3-2显示了每吨二氧化碳导致的能源价格以美元计价的提高，这一单位并不是每个人都熟悉的。因此，表3-3把每吨二氧化碳的美元值转换成单位能源消费的当地货币值。也就是说，表3-3详述了一公升汽油、一袋煤和一千瓦时的电力价格中加入了多少碳税。

表3-3 单位能源消费排放二氧化碳量及对每吨碳征收100美元碳税导致的价格上涨情况

能源	单位	巴西	中国	德国	法国	印度	日本	英国	美国
每单位能源排放 CO_2									
石油	$kgCO_2/l$	2.312	2.312	2.312	2.312	2.312	2.312	2.312	2.312
柴油	$kgCO_2/l$	2.668	2.668	2.668	2.668	2.668	2.668	2.668	2.668
天然气	$kgCO_2/kWh$	0.184	0.184	0.184	0.184	0.184	0.184	0.184	0.184
煤炭	$kgCO_2/kg$	2.383	2.383	2.383	2.383	2.383	2.383	2.383	2.383
电力	$kgCO_2/kWh$	0.076	0.794	0.451	0.097	1.239	0.437	0.487	0.544
碳税[a]									
碳税	LC/tCO_2	64	168	21	21	1 784	2 715	17	27
碳税	LC/tC	235	617	76	76	6 540	9 955	64	100
每单位价格增长[a]									
石油	LC/l	0.148	0.389	0.048	0.048	4.123	6.276	0.040	0.063
柴油	LC/l	0.171	0.449	0.055	0.055	4.758	7.243	0.047	0.073
天然气	LC/kWh	0.012	0.031	0.004	0.004	0.327	0.498	0.003	0.005
煤炭	LC/kg	0.153	0.401	0.049	0.049	4.250	6.470	0.042	0.065
电力	LC/kWh	0.004	0.125	0.009	0.002	1.697	1.126	0.008	0.014

注：[a]LC=当地货币：雷亚尔，人民币，欧元，欧元，卢比，日元，英镑，美元。

表3-2给出了在随着时间的推移碳税不断增加的假设下2020年所需的碳税。图3-3给出了在测算期内减排成果的分布，以及在尽可能低的成本下实现五个可替代目标的排放轨迹。它将最小成本轨迹与五个目标中的任意四个轨迹进行对比。图3-4显示，依据模型测算成本差异达到10%到60%。由于测定的减排成本的净现值是以万亿美元来衡量的，因此，节省10%的成本是值得追求的。两套轨迹之间的主要区别是，任意一个轨迹都是以高强度减排方案开始，而最低成本的轨迹则以适度的削减开始并随时间推移而提高减排强度。

初始减排目标较为宽松会节省资金的原因有四个。减排需要行为和技术变化。然而，行为和技术受到耐用消费品和资本投资的约束。如果家庭和企业继续使用原有的汽车，生活和工作在同一个地方或在同一座建筑里，操作相同的机械，那么碳税不会使得排放减少。在这样的情况下，碳税只是对气候政策出台之前的投资决策进行了强制罚款。这只是对经济强加的一种无谓损失。随着时间推移，这种强加给经济的无谓损失放慢了资本周转速度，因此，碳税会增加经济的额外成本。

技术变革是减排成本在短期昂贵但在中到长期会下降的另一个原因。碳中性能源的技术仍然不够成熟。虽然化石燃料技术持续进步并发展良好，但所有简单的改进都已完成。尽管石油和天然气的开采技术快速发展，但必须不断开采更高成本的储藏。相比之下，对于太阳能和生物能源我们仍可以期待会有重大的技术突破。此外，比较容易获得的化石燃料来源日益枯竭。所以，随着时间的推移，我们预期化石燃料的成本会上升，可再生能源的成本会下降。由于减排成本由化石燃料和可再生能源之间的成本差异决定，因此，减排成本应该随时间下降。

第三，对未来的减排成本要贴现，推迟减排降低了成本的净现值。第四，排放物会在大气中降解。气候政策目标通常是就长期而言的，以2100年为例，对于2100年的碳浓度，2090年的排放要比2015年更加重要。因此，大气对排放物的降解发挥了贴现率的功能，所以晚些减排更好。

3.2　负的减排成本**

有人声称减排的成本可以是负的——也就是说，在减少排放的同时可以节省资金。这些观点中有些是错误的核算导致的结果。以下是两个常见的错误。首先，人们把非政策情境中的一部分技术变革和政策情境中的加速技术变革混淆了。正如我们在第2章看到的，没有政策的情景下也存在很多具有商业可行性的减排行动。在没有气候政策时，能源效率也随着时间不断改善。因为这些投资在商业上是有利可图的，它们不需要政策支持。因此，把它们归因于气候政策是错误的。

低估投资成本是另一个常见的错误。例如，一些分析师认为家庭和企业可以像政府一样以相同的利率获得融资。事实上，私人融资的利率往往高于公共融资的利率。这使得投资缺少吸引力。另外一个例子是，成熟的技术已经获得了声誉，在设备安装、维护和修理方面形成了密集的服务网络支持。但新技术缺少这些，这一成本很容易被忽略。

非经济学家可能还认为减少化石燃料的进口有利于经济。让-巴普蒂斯·柯伯特（Jean-Baptise Colbert）是进口替代作为经济增长战略——重商主义——的早期支持者，但这一理论很早以前就被证实是靠不住的。在20世纪80年代，进口替代政策大多被抛弃了。用昂贵的国内能源替代廉价的进口能源使经济增长缓慢。保护幼稚产业往往不会培育出有竞争力的公司，而是使公司善于游说寻租。当然，保持收支平衡、减少进口也就意味着减少出口、减少外国投资、调整汇率等。

这就是说，可能会有诸多真正的原因导致减少排放的成本与表3-1和表3-2所示不同——可能更小或者是负的。表中的这些模型不是优化模型就是均衡模型。要知道市场均衡与帕累托最优是相符的。如果没有政策的情景是最优的，那么任何政策干预都滋生成本。如果你从顶部开始，下降是唯一的途径。

然而，在现实中，无气候政策状况的特点是市场存在许多缺陷以及政策扭曲。气候政策可能克服其中的一部分问题，并且降低减排成本。但是，气候政策也可能与之前的扭曲冲突，这又会增加减排成本。

碳税是实现气候政策的一种路径。如同任何其他税收一样，碳税也是扭曲的。在一个未受到扭曲的市场中，理性的参与者会找到一个帕累托最优路径。税收改变人们做出的选择，并使市场以更低的福利达到均衡，福利损失可用来衡量税收的扭曲程度。

但是，碳税带来财政收入，并且这些收入可以用来减少更扭曲的其他税收。税收扭曲是因为它扭曲行为，使得个人和企业都远离利益最大化。如果税率更高、价格弹性更高（因为行为更加敏感）、税收基础更窄（根据定义，更少的人受到影响，那么对于相同的收入，这些人的行为会进一步扭曲），那么税收将更加扭曲。碳税应该从较低的水平、较低的价格弹性以及更广泛的基础开始，这样就不会特别扭曲（即使它是专门设计来改变行为的）。如果实施碳税的收入用于减少另一种税收，这可能是有益的——并且其效益可能比抵消初始减排成本更大。

图3–1通过比较三种替代福利测算结果和12个欧洲国家单一碳税和单一碳税联动方案得到的结论是减少工资税。在大多数情况下，这使福利增加。如果工资税下降，公司将雇用更多工人。来自相同研究的图3–2证实了这一结论。然而，这些好处并不是必然发生的。图3–3显示了碳税相同但联动方案不同的结果。国家不同（或者更确切地说是原有财政政策不同），财政收入联动带来的好处有大有小。比较图3–1和图3–3，可以得出结论：减少工资税的方案是最好的。但是，表3–4显示美国的测算结果并不支持这一结论。在欧洲，工资税往往很高，因此成为工资税减少的主要实施对象。在美国，刺激储蓄和投资的税收改革是更可取的。

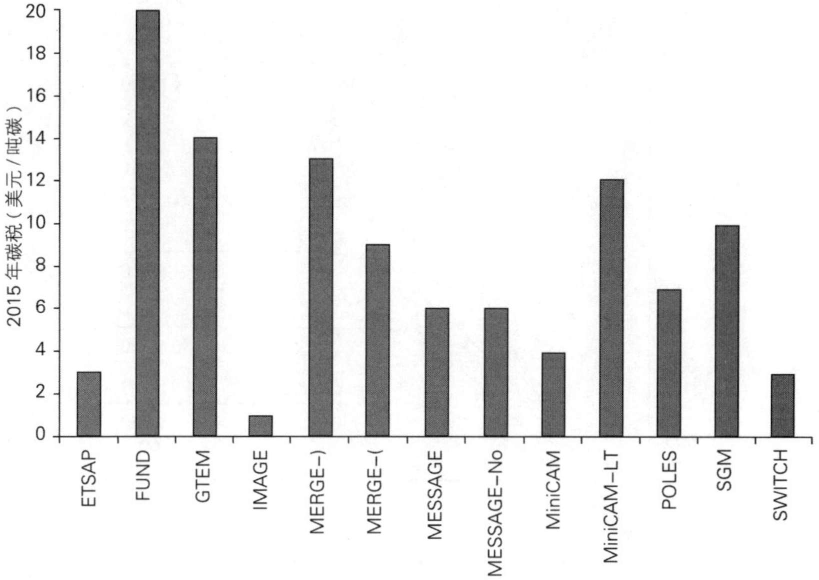

图3-1　根据不同模型，为了实现2100年650ppm二氧化碳当量目标，所有国家参与的情况下，2015年需要实现的边际减排成本

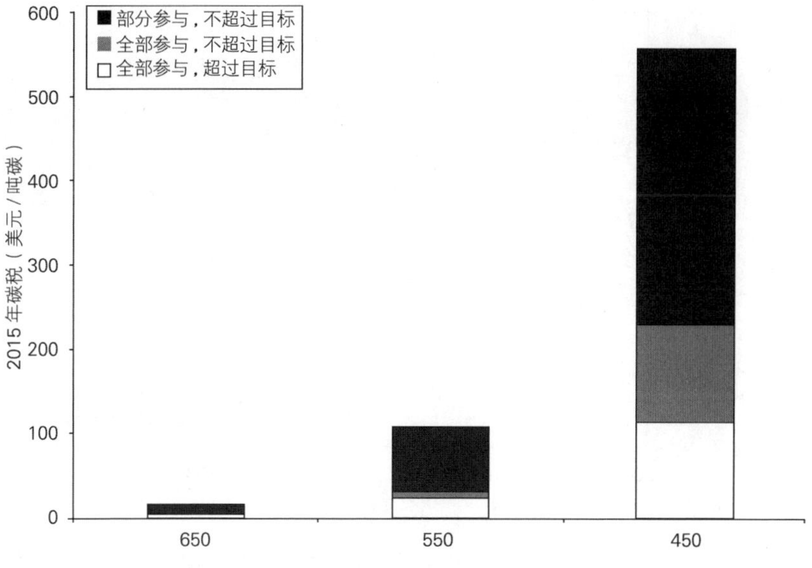

图3-2　根据不同的参与率，为了实现2100年（或整个21世纪）替代目标，2015年需要实现的边际减排成本

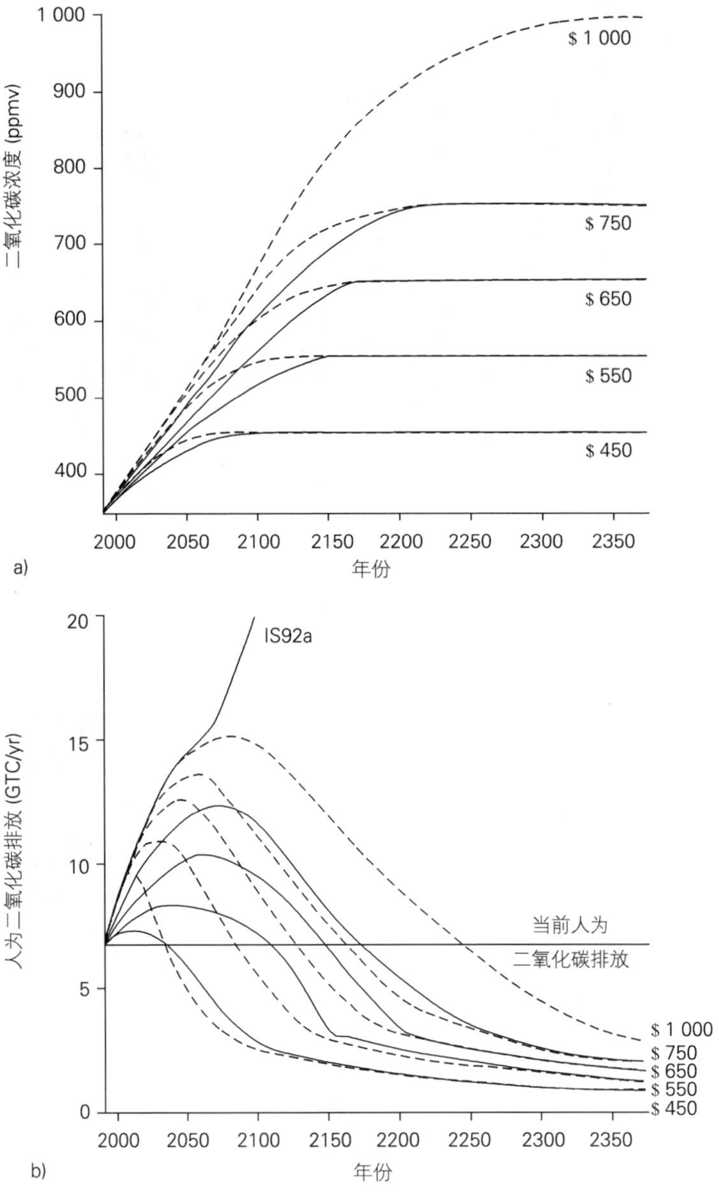

图3-3　稳定大气二氧化碳浓度的替代路径

Source：IPCC WG3 AR3.

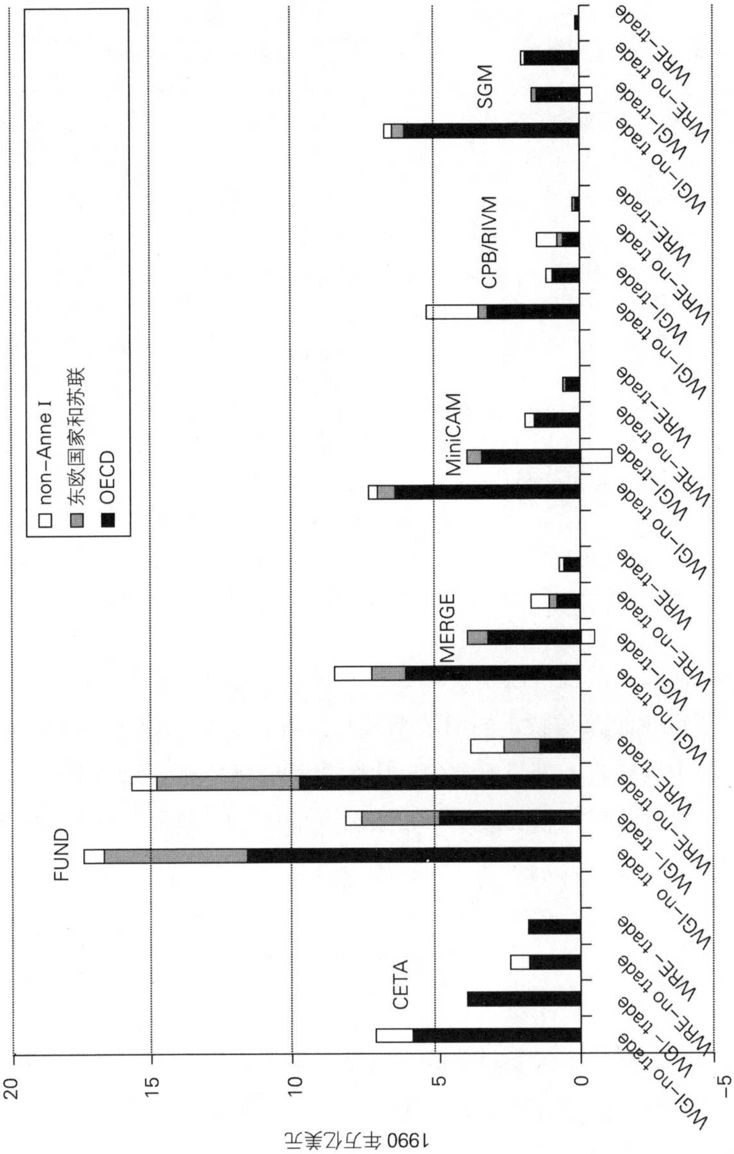

图3-4　稳定大气二氧化碳浓度的成本替代路径

Source:IPCC WG3 AR3.

表3-4　针对税联动收入计划依据四个模型测算的美国碳减排成本

	模型1	模型2	模型3	模型4
家庭的一次性打包转移	−0.58	−0.46	−0.62	−0.24
政府的支出增加	−0.40	−1.02		−0.24
个人所得税的降低	−0.56	−0.53	−0.16	−0.16
企业所得税的降低	0.40	−0.11	0.60	−0.17
工资税的减少				−0.18
由员工支付的工资税的减少	−0.58	−0.53		
由雇主支付的工资税的减少	0.19	−0.25		
投资信贷的增加	1.55	1.67		0.00

总之，征收的碳税可以用来降低其他税收，这至少会部分地冲减减排成本。如果税收改革与特定的财政系统高度吻合，那么改革将大幅受益。并非任意使用碳税收入都是有益的，比如将其慷慨地施舍给朋友和支持政府的盟友。也并非任何税收改革都带来公平的受益。理论上存在的利益不一定能在实践中实现。

延伸阅读

政府间气候变化专门委员会的第三工作组每六年发布一次对主要温室气体减排的评估。这些评估信息按照几个层次发布：针对政策制定者的高信息强度摘要，更具体的技术性摘要，以及针对大众的包含多个章节的有许多细节与文献信息的报告。这些报告可以在 http://www.ipcc.ch/上找到。

能源模型论坛（EMF）定期组织减排成本的模型对比练习。最近的并且相关的模型对比练习是EMF25、EMF22和EMF21，可以在http://emf. stanford.edu/research/上找到。

IDEAS/RePEc对这个主题列出了精选书目，参考网址：http://biblio.repec.org/ entry/ tda.html。

练习

3.1　表3-1显示了温室气体减排的总成本。计算11个模型的平均成本。计算由于非经合组织国家延迟参与减排产生的平均额外费用。计算从低目标到高目标的平均成本。计算目标缩进100 ppm产生的额外费用。

3.2　假设减排成本与减排之间的关系是指数函数关系 $C=\alpha\exp(R)$，其中 C 表示成本，R 是相对减排量，$\alpha=1$ 是一个参数。假设减排目标是 $T=(1-R)E$，$E=100$ 是基线排放量，请计算减排的成本。计算如果成本参数提高10%，即 $\alpha=1.1$ 时，减排成本的变化。计算如果基础排放量提高10%，即E=110时减排成本的变化。

3.3　表3-1中的结果相差很大。你如何测试哪个模型是正确的？

3.4　阅读与讨论

- **M.Wise，K.Calvin，A.Thomson，L.Clarke，B.Bond-Lamberty，R.Sands，S.J.Smith，A.Janetos and J.Edmonds（2009），'Implications of limiting CO_2 concentrations for land use and energy'，*Science*，324，1183–1186.
- **T.C.Schelling（1996），'The economic diplomacy of geoengineering'，*Climatic Change*，33，303 - 307.
- ***S.Barrett（2008），'The incredible economics of geoengineering'，*Environmental and Resource Economics*，39，45 - 54.
- ***G.C.van Kooten，A.J.Eagle，J.Manley and T.Smolak（2004），'How costly are carbon offsets? A meta- analysis of forest carbon sinks' *Environmental Science and Policy*，7，239 - 251.

• ****M.Goes, N.Tuana and K.Keller (2011), 'The economics (or lack thereof) of aerosol geoengineering', Climatic Change, 109, 719 - 744.

• ****R.N.Lubowski, A.J.Plantinga and R.N.Stavins (2006), 'Land-use change and carbon sinks: Econometric estimation of the carbon sequestration supply function', *Journal of Environmental Economics and Management*, 51, 135 - 152.

• ****L.H.Goulder (1995), 'Environmental taxation and the double dividend: A reader's guide', *International Tax and Public Finance*, 2, 157 - 183.

• ****S.A.Smulders and M.deNooij (2003), 'The impact of energy conservation on technology and economic growth', *Resource and Energy Economics*, 25, 59 - 79.

注释

1 我不知道任何对温室气体减排成本的事后估算。有很多欧洲二氧化碳排放权交易制度的研究，但这些研究更关心的是市场而不是对福利的影响。有很多研究是关于气候政策的特定方面，例如，在何种程度上其促进或主导技术的进步方向，或在特定国家进行特定的政策干预等，然而，尚没有对气候政策全面的评估研究。

2 当然，假定一个过高的成本也就是假定其不可实现。

［第4章］

减排的政策工具

微博专栏

- 直接监管是政府告诉人们和企业（不）做什么，以及如何（不）去做。
- 如果排放很少并且来源相似，那么直接监管的效果很好。但是它不适用于温室气体。
- 直接管制曾经是成功的，它成就了当前这些环保领袖的事业，因此，它仍然是受欢迎的。
- 税收、补贴以及排污权交易鼓励减排，但是否以及如何据此做决策是个体行为。
- 税收增加成本，补贴降低成本。因此，随着时间的推移，补贴会导致污染产业的扩张。
- 通过排污权交易可以获得排放量，但不能计算出成本。通过税收，可以计算边际成本，但不能得出排放量。
- 温室气体年排放量（的计算错误）对于污染存量无关紧要，排放量的确定价值不大。
- 成本的确定性有很大价值，因此，对于气候政策来说，碳税比排污权交易更适合。
- 分配排污权的方法有很多：拍卖、人均等额、分配给污染者、分配给污染物的受害者等等。

- 排污权初始分配给政客们带来了分发恩惠的机会。
- 愿意为污染支付等于愿意接受不污染的补偿。
- 愿意接受污染的补偿等于愿意为减少污染支付代价。
- 因此，市场对许可证分配独立于初始分配。效率与公平相分离。
- 欧洲碳排放交易体系（EU ETS）是唯一的也是最大的国际排放许可市场。它遇到了可以避免的初期问题。
- 因为依赖于各个成员国的司法力量，所以欧洲碳排放交易体系最大的挑战是执行力。
- 可再生能源的技术进步、能源效率以及农业主导着气候政策的成本。
- 将研究与开发向能源和农业倾斜的成本将是昂贵的，因为它们只是经济中的小部门。
- 对研究与开发最好的刺激是专利、奖励和税收。政府并不善于挑选赢家。

4.1　实施公共政策的理由*

福利经济学第一定理即一组竞争市场所达到的均衡分配必定是帕累托有效配置。直观解释如下。自愿交换是帕累托改进：交易双方至少与没有交易时一样好。他们为什么要交易呢？因为一系列自愿交易能提高他们的福利。如果确信没有任何进一步的交易能够使各方都满意，那么我们一定处于帕累托最优状态，但是，市场也必然因为没有进一步交易发生而处于均衡状态。

由于任何干预都将导致非帕累托最优，因此，依据福利经济学第一定理可以主张政府应该让市场独立。这也有许多例外。如果存在外部性，市场均衡就不是帕累托最优。理由很简单，外部性是一个无意识且无补偿的影响。如果双方自愿同意交换，那么这个交换一定是帕累托改进。但是，如果这个交换无意中伤害了一个第三方，并且交易双方不赔偿其损失（也不取消交易），那么这个交换就绝不是帕累托最优。一系列这样的交换不会产生帕累托最优。

二氧化碳排放显然是一个外部性问题。我们燃烧化石燃料是用来发电和推动汽车，而不是为了排放二氧化碳。因此，排放是无意识的（即使是内在的过程：见第2章第2节）。气候变化确实影响世界所有人的福利，但受影响的人没有得到二氧化碳排放者的补偿。

由于外部性的存在，政府干预可以改善福利，因此是合理的。最好的干预是“庇古税”，由阿瑟·庇古的名字命名。庇古税做了三件事：第一，它对产生外部性的活动征税；第二，它用税收收入补偿外部性的受害者；[1]第三，补偿抵消了边际福利的损失。

4.2 直接管制*

监管机构有许多方法来影响温室气体排放。每一种工具都有不同特点，这使得它们比其他工具更适合解决某些问题。

直接管制可能是最常见的环境政策。直接管制在经合组织（OECD）中已经非常成功。20世纪60年代到70年代，欧洲和北美的环境是肮脏的，但现在改变了。直接管制使得环境清洁。这意味着，高级监管者通过总结过去成功的直接管制，可以获得大量运用这些监管工具的经验。尽管时代已经改变，当前环境问题有所不同，环境管制已经滞后了。此外，直接管制的结果是官僚机构得到了扩张。

直接管制也称为指令和控制。从本质上说，直接监管就是监管机构介入并告诉家庭和公司（不）做什么及如何（不）去做。如果能够知道监管活动的详细信息，监管机构就能够在委托数量不大的代理机构或运用少量技术的情况下运用切合实际的政策工具进行监管。直接管制基本上是用一种“一刀切”的解决方法。由于监管机构的能力约束以及行政公平的要求，对每个人都需要一视同仁，因此，监管是同质的。除非监管对象之间存在大量的异质性，否则这是无可指责的。

直接管制有不同的实施方式：

• 监管机构可能会禁止生产过程中的某些输入，或者对该输入设置量化标准。

• 监管机构可能会禁止生产过程中某些技术的使用，或者设置执行标准。

• 监管机构可能会对生产过程选定的产出进行限制，或者对产品提出要求。

• 监管机构可能会限制某些活动的时间或地点。

例如，政府强制规定在汽车燃料汽油中加入乙醇，汽车燃料不得含有铅，汽车发动机必须配备催化转化器并达到燃料效率标准，发电厂只能排放一定量的硫，婴儿玩具不能包含致癌物质，晚上11点到早上6点之间飞机不允许起飞或降落，自然保护区内不能建造新建筑，不得制造、销售、购买或使用含氯氟烃（CFCs）的物质等。

4.3　基于市场的政策工具*

基于市场或激励兼容的政策工具是直接管制的主要替代手段。税收和补贴是最古老的工具。税收以收费为手段，是对每单位违规物质（或替代物）的使用、生产或排放的征税或罚款。补贴是针对不使用、不生产和不排放每单位违规物质的货币奖励。

从短期来看，税收和补贴对排放有相同的影响。运用补贴的话，避免每一吨排放都会得到奖励。运用税收时，避免每一吨排放都会减少税收负担，也就是说，得到奖励。

税收和补贴有不同的分配效应。税收是资金从家庭和企业流向政府。补贴是资金从政府流向家庭和企业。

正因为如此，税收和补贴的运行在中期也有不同的影响。排放税增加了某一特定行业的平均交易成本，投资流向其他地方并且使得该行业萎缩（相对于没有税收时的规模）。减排补贴减少了一些行业的平均交易成本，额外的投资流入并使得该行业扩张（相对于没有补贴时的规模）。

排污权交易是新近增加的一种监管机构可选择的工具。排污权交易就是监管机构对消费、生产和排放设置一个综合上限。聚焦于排放，就是将碳排放总量上限分成许多单位，每个排放者只得到一定数量的排放许可。到目前为止，这是直接管制。但是，如果公司发现它的排污权太少，它可以从觉得排污权太多的公司购买额外的排污许可。

由市场形成的排放许可证的价格有点儿像税收。对于每一单位的额外排放，一个公司要么必须购买一个额外的排污权（这是一种成本），要么可以卖出更少的它所持有的排污权（这也是一种成本）。对于每一单位减排量，一个公司要么可以卖出更多的排污权（这是一种收益），要么可以在市场上购买更少的排污权（这也是一种收益）。

基于市场的工具的主要优势是监管机构没有具体指定如何减少排放。这一决定交还给家庭和公司。但是，监管机构确实做到了使排放量下降。

4.4 成本效益*

减排的成本是在边际上统一的。这是一个重要的特点。让我们设想一个社会计划者，他旨在以最低的社会成本减少排放:

$$C=\sum_n C_n=\sum_n \alpha_n M_n+\beta_n M_n^2 \tag{4-1}$$

C 是社会成本，C_n 是单个公司 n 的成本，M_n 是单个公司 n 的减排努力，α 和 β 是参数。设 M 为所需的减排努力总量。那么，最少减排成本解决方案如下：

$$\min_{M_n}\sum_n C_n \text{ s.t.} \sum_n M_n>M \tag{4-2}$$

形成拉格朗日方程：

$$\mathrm{L}=\sum_n \alpha_n M_n+\beta_n M_n^2-\lambda\left(\sum_n M_n-M\right) \tag{4-3}$$

对政策工具做一阶偏导数（例如，减排努力）并得到最优解的一阶条件：

$$\frac{\partial \mathrm{L}}{\partial M_n}=\alpha_n+2\beta_n M_n-\lambda=0\,\forall n \Rightarrow \frac{\partial C_n}{\partial M_n}=\lambda\,\forall n \tag{4-4}$$

也就是最少减排成本要求所有排放者面临相同的边际减排成本。因为有一个共同的约束M，因此，假设限制条件λ的影子价格在社会层面并且对所有的排放者都是相同的。

以最少成本达成目标的解决方案被称为有成本效益（cost-effective）方案。成本生产率（cost-efficacy）是一种最优化。一个解决方案不可能比另一个解决方案有更高的成本效益：它要么是有成本效益，要么就是没有成本效益。有些人使用词语“更加有成本效益”（more cost-effective）替代词语“便宜”来显示“博学”，但事实上这显示了他们缺少对成本生产率概念的理解。另一些人，特别是以法语和德语为母语的，把成本效率（cost-efficiency）作为成本生产率的同义词。事实上，成本生产率类似于生产效率，如果你不理解它是什么意思，那么你就不应该使用成本生产率这个词。

现在我们假设一个公司要交排放税，它想寻求成本最小化。

$$\min_{M_n} \alpha_n M_n + \beta_n M_n^2 - tM_n \forall n \tag{4-5}$$

成本函数与等式（4-1）相同，但是对每单位减排努力M，其支付的税收减少t。

等式（4-5）是没有限制条件的最优化问题，所以一阶条件的一阶偏导数等于零：

$$\alpha_n + 2\beta_n M_n - t = 0 \quad \forall n \Rightarrow \frac{\partial C_n}{\partial M_n} = \mathrm{t} \quad \forall n \tag{4-6}$$

如果$t=\lambda$，那么等式（4-6）与等式（4-4）是相同的。

如果监管机构使用交易许可政策，那么等式（4-5）变为：

$$\min_{M_n} \alpha_n M_n + \beta_n M_n^2 - pM_n \forall n \tag{4-7}$$

其中p是许可价格。

如果监管机构应用补贴政策，那么等式（4-5）变为：

$$\min_{M_n} \alpha_n M_n + \beta_n M_n^2 + sM_n \forall n \tag{4-8}$$

其中s是补贴。

也就是说，统一的排放税、统一的减排补贴及排放市场上统一的价格都会导致统一的边际减排成本。换言之，税收、补贴和排污权交易保证成本有效率。

直接管制没有这样的保证。事实上，为了达到成本有效率，监管机构需要知道每一个被监管家庭和公司的边际减排成本函数。这是不现实的，除非代理人很少或全部代理人都以同样的方式使用相同的技术。

一致性是靠不住的。存在两种类型的内燃机：柴油机和奥托。假设政府对最低燃油效率的汽油汽车实施惩罚，这使得汽车更贵。长距离通勤可以避免大量的二氧化碳排放。每周开车去教堂的人几乎不能避免碳排放。因此，即使管制看似统一，但平均成本却大不相同。

4.5 动态效率****

前面我们得出静态效率的条件：一个统一的碳价。下面，我们在三个可替代问题的定义下分析动态效率的条件。

4.5.1 减排的资源问题

气候政策可以看作是废物处理问题。环境容量是有限的，任何排放都会降低一部分容量。但是，减少排放影响产出。那么这个问题可以形式化如下。假设我们追求当期福利最大化：

$$\max_{C(t),E(t)} W = \int_t U\left(C(t)\right)e^{-pt}dt, M>0;\ \ U=\underline{U}, M\leqslant 0 \tag{4-9}$$

满足约束条件：

$$\dot{K} = Y(t) - C(t) = Y\left(K(t), E(t)\right) - C(t) \tag{4-10}$$

和

$$\dot{M} = \delta M(t) - E(t) \tag{4-11}$$

W是净当期福利，U是即时效用，C是消费，Y是产出，K是资本，E是排放量，M是允许排放的总量。

哈密顿现值是：

$$H = U\left(C(t)\right) + \kappa\dot{K} + \mu\dot{M} = U\left(C(t)\right) + \kappa\left(Y\left(K(t),E(t)\right) - C(t)\right) + \mu\left(\delta M(t) - E(t)\right) \tag{4-12}$$

一阶条件是：

$$\frac{\partial H}{\partial C}=\frac{\partial U}{\partial C}-\kappa=0\Rightarrow U_c=\kappa \quad (4\text{-}13)$$

$$\frac{\partial \mathrm{H}}{\partial \mathrm{E}}=\kappa\frac{\partial Y}{\partial E}-\mu=0\Rightarrow Y_E=\frac{\mu}{\kappa} \quad (4\text{-}14)$$

$$\dot{\kappa}=\rho\kappa-\frac{\partial H}{\partial K}=\rho\kappa-\kappa\frac{\partial Y}{\partial K}\Rightarrow\frac{\dot{\kappa}}{\kappa}=\rho-Y_K \quad (4\text{-}15)$$

$$\dot{\mu}=\rho\mu-\frac{\partial H}{\partial M}=\rho\mu-\mu\delta\ \Rightarrow\frac{\dot{\mu}}{\mu}=\rho-\delta \quad (4\text{-}16)$$

也就是说，边际效用等于资本的影子价格或储蓄的回报，见等式(4-13)。减排的边际成本（货币）等于排放配额的影子价格（计算时，通过边际效用标准化转变为货币），见等式（4-14）。资本影子价格的增长率是纯粹的时间偏好率和资本回报之差，见等式（4-15）。

排放配额影子价格的增长率是贴现率减去废物处理能力增加的比率，见等式（4-16）。也就是说碳税应该以贴现率减去减排能力增强率的速度增长。

4.5.2 减排的效率问题

气候政策也可以看作为一个效率问题。排放增加浓度。福利取决于大气中温室气体的浓度。减少排放影响产出。那么这个问题可以形式化如下。净福利最大化表示为：

$$\max_{C(t),E(t)} W=\int_t U\big(C(t),M(t)\big)dt \quad (4\text{-}17)$$

满足约束条件：

$$\dot{K}=Y(t)-C(t)=Y\big(K(t),E(t)\big)-C(t) \quad (4\text{-}18)$$

和

$$\dot{M}=E(t)-\delta M(t) \quad (4\text{-}19)$$

哈密尔顿现值是：

$$H=U\big(C(t)\big)+\kappa\dot{K}+\mu\dot{M}=U\big(C(t),M(t)\big)+\kappa\Big(Y\big(K(t),E(t)\big)-C(t)\Big)+\mu\big(E(t)-\delta M(t)\big) \quad (4\text{-}20)$$

一阶条件是（4-13）、（4-15）和

$$\frac{\partial H}{\partial E}=\kappa\frac{\partial Y}{\partial E}+\mu=0\Rightarrow Y_E=-\frac{\mu}{\kappa} \quad (4\text{-}21)$$

$$\dot{\mu}=\rho\mu-\frac{\partial H}{\partial M}=\rho\mu-\frac{\partial U}{\partial M}+\mu\delta\ \Rightarrow\frac{\dot{\mu}}{\mu}=\rho+\delta-\frac{U_M}{\mu} \quad (4\text{-}22)$$

也就是说，边际效用等于资本的影子价格或储蓄的回报率（同上）。减排的边际成本（货币）等于排放配额的影子价格（在计算时，通过边际效用标准化转变为货币），注意存量方程的解释改变了，所以符号翻转，见等式（4-21）。资本影子价格的增长率是纯粹的时间偏好率和资本回报率之差（同上）。

排放的影子价格增长率是贴现率加上大气退化率（而不是如上所述的减去），并减去气候变化对影子价格的边际损失，见等式（4-22）。边际损失由前述单位浓度的作用给出，影子价格由单位排放的作用确定，因此等式（4-22）右侧的最后部分由单位浓度的排放衡量，也就是像 ρ 和 δ 一样的无量纲速率。它衡量了气候变化恶化的速度是多么快。综上所述，如果我们不关心未来，如果未来因为排放消失而没有出现太多问题，如果福利对增长的影响不这么快，那么排放的影子价格将更高。

4.5.3 减排的成本效益问题

气候政策也可以看作一个成本效益问题。排放增加浓度。大气中温室气体的浓度有一个约定的上限。低于阈值时，损失可以标准化为零，而高于阈值时，损失可能任意高。减少排放影响产出。那么这个问题可以标准化如下。将净福利最大化为：

$$\max_{C(t),E(t)} W=\int_t U\big(C(t),M(t)\big)dt\ ,\quad \frac{\partial U}{\partial M}=0\quad M\leqslant\bar{M}\ ;\quad U=\underline{U}\ ,\quad M>\bar{M} \tag{4-23}$$

满足约束条件（4-18）和（4-19）。

哈密尔顿现值是（4-20）。一阶条件是（4-13）、（4-15）、（4-21）和

$$\dot{\mu}=\rho\mu-\frac{\partial H}{\partial M}=\rho\mu+\mu\delta\ \Rightarrow\frac{\dot{\mu}}{\mu}=\rho+\delta,\ M\leqslant\bar{M} \tag{4-24}$$

也就是说，边际效用等于资本的影子价格或储蓄的回报（同上）。减排的边际成本（货币）等于排放配额的影子价格（同上）。资本影子价格的增长率是纯粹的时间偏好率和资本回报之差（同上）。

排放配额的影子价格增长率是贴现率加上大气退化率（但没有气候变化的边际损失）。

4.5.4　总结

比较上面的结果，我们可以得到以下结论。如果我们对浓度加以约束，那么碳价应该以贴现率加上从大气中削减碳的速率之和的速度（直到满足目标）上升。如果我们把温室气体视为废物处理问题，"在固定容量的情况下，会出现一个相同的结果。大气退化增加了贴现率，或者，正如上面阐述的，碳价应该以贴现率减去新增处理容量的速率，也就是减去大气中削减碳的速率增长。如果我们寻求福利最大化，碳价应该以贴现率加上大气削减碳的速率减去气候问题恶化的速率增长"。在固定容量的情况下，会出现相同的结果。大气退化增加了贴现率，或者，正如上面阐述的，碳价的计算应该以贴现率减去新增处理容量的速率，也就是减去大气中削减碳的速率增长。如果我们寻求福利最大化，碳价应该以贴现率加上大气削减碳的速率减去气候问题恶化的速率增长。

4.6　环境效益*

环境效益是环境政策的另一个主要标准。除非至少（大约）能够削减预期的排放量，否则政策干预是无用的。当制定总排放量上限时，如果进行监管和强制执行，那么排放许可能够保证环境效益。

税收和补贴没有这样的保证。除非监管机构知道每个排放者的边际减排成本曲线，否则，监管机构不能准确地预测企业和家庭将如何应对税收或补贴。因此，监管机构不知道有多少排放将被削减。

直接管制涵盖了许多不同的政策工具，其中的一些政策具有相对特定的环境效果。例如，尽管更多的设施可能被建造，但对每个设施设定一个排放上限就是一个典型案例。有时，排放上限只是针对一定规模以上的设施，但是，企业可能会选择建设更多、更小的设施以应对监管。

如果直接管制以生产投入或技术作为对象，那么企业行为的改变可能会或多或少地背向政府的初衷。例如，改善能源效率降低了能源服务的有效价格并可能导致增加能源使用而不是减少排放，这就是杰文斯（W.S. Jevons）在1865年首次提到的所谓的悖论。又如，建筑保温可能导致家里更暖和而不是降低能源使用。

4.7 不确定性下的税和排污权交易**

在上文中我们已经看到，排污权交易导致某种特定的环境效果，但是许可证价格以及由此产生的减排成本是不可预测的，反之亦然。减排的边际成本被称为排放税，这给总减排成本设置了上限。但是，这对环境的影响是不确定的。韦茨曼定理（Weitzman Theorem）提供了更糟糕的导向。

图4-1显示了一个标准的收益成本分析。排放进一步减少使得减排的边际成本上升。减排的边际效益随排放减少而下降。最优税收设置在边际成本曲线与边际收益曲线的交点处。最优排放目标也设置在同一点上。

现在假设，政府认为减少排放要比其实际值更昂贵。如果政府使用量化工具，将弱化监管：因为监管机构认为成本比实际更高，排放目标定得就会比现实值更高。然而，如果政府使用价格手段，就会过度监管：由于监管机构认为效率比实际更低，排放税就会比它的本来的水平更高。

图4-1显示了相关福利的损失。量化工具的较少管制导致环境的福利损失以及排放者的福利增加，后者大于前者。价格手段的过多调节导致排放者的福利损失以及环境的福利增加，后者大于前者。

在图4-1中由过多调节导致的净福利损失完全等于由较少管制导致的净福利损失。（当然，分配效应是不同的。）这是人为解释。图4-2重复这一试验，但边际收益曲线更陡。弱化监管的净福利损失下降，过多监管的净福利损失上升。图4-3再次重复这个试验，但边际收益曲线更平。弱化监管的净福利损失上升，过度监管的净福利损失下降。

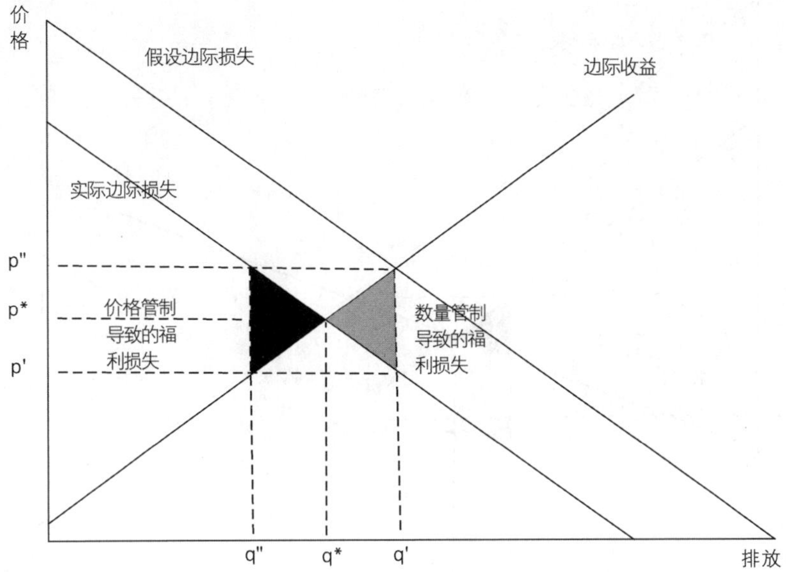

图4-1 如果监管者认为减排成本太高，价格和数量工具导致的福利损失

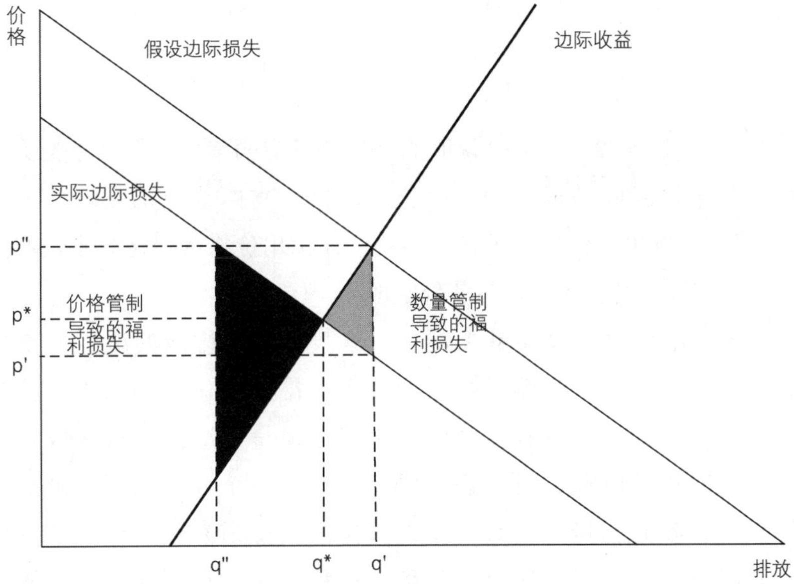

图4-2 如果监管者认为减排成本太高且边际收益曲线比边际成本曲线陡峭，价格和数量工具导致的福利损失

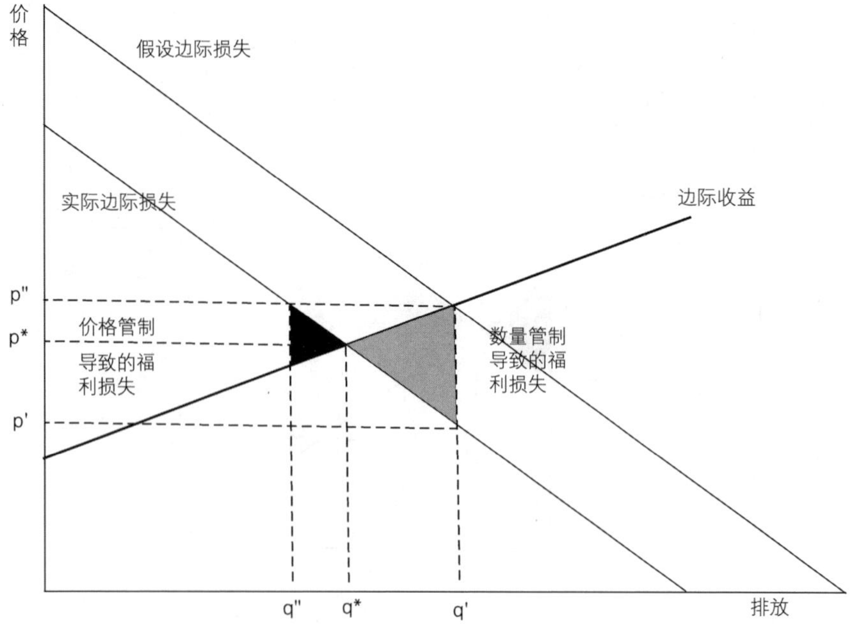

图4-3　如果监管者认为减排成本太高且边际收益曲线比边际成本曲线平缓，价格和数量工具导致的福利损失

图4-1、图4-2和图4-3说明的是一个特定的案例，但其结论更具一般性。如果边际收益成本曲线比边际减排成本曲线更加陡峭（不太陡峭），那么用量化（价格）工具产生的错误比用价格（量化）手段产生的错误代价更加昂贵。这就是韦茨曼定理。

气候变化是由排放存量决定的。这表明如果排放的减少或增长很少，那么气候变化的影响不会改变太多。排放变化的影响由排放存量控制。换句话说，成本收益曲线很平稳。但是，减排的边际成本确实随排放而变化。因此，对于像气候变化这样一个存量问题，价格手段的错误（税收）与量化工具的错误（排污权交易）相比代价不是那么昂贵。因此，监管机构应该征收碳排放税，而不是创建一个排放许可市场。

4.8　许可证的初始分配**

韦茨曼定理被置若罔闻。即使在紧密结合的欧盟，国际税收协调在政治上也是没戏的。无论如何新税在某些司法辖区类似瘟神。因此，排污权交易在世界各地实际和计划的气候政策中起到了重要的作用。

如上所述，排污权交易监管机构设置一个总的排放上限，然后，碳排放的上限总量被分割并给每个排放者一定数量的排放许可证。如果一家公司认为它的排污权太少，它可以从排污权较多的公司购买额外的许可。但是，政府如何把新创造的许可证给恰当的排放者呢？

实现排放权初始分配的方式有很多。在这里我们讨论四个基本方式。

排污权的世袭制（有时叫祖父制）是目前最受欢迎的选择。以最近的排放为基础，排污权免费分配。这种方式受欢迎是因为它承认现状。排放大户面临着新的监管，但作为回报也免费获得了大量的排污权。这一过程中没有金钱易手。世袭制也是不公平的——过去的不良行为（大量排放）得到大量的分配作为奖励，而良好的行为（较低排放）则受到惩罚。相对于增长缓慢的企业，高速增长的企业处于弱势。

2012年，航空业成为欧洲碳排放交易体系（EU ETS）的一部分。每个航空公司以2005年的实际排放为基础获得排放许可证。两大廉价航空公司，易捷航空和瑞安航空（EasyJet和RyanAir），在2005年到2012年之间迅速增长，而三大老牌公司，英国航空公司、德国汉莎航空公司和法国航空公司（British Airways，Lufthansa和Air France）增长得比较缓慢。这两个廉价航空公司使用更新、更省油的飞机，它们也有更高的负载系数，也就是说，它们一架飞机承载更多的人。它们点对点飞行，避免能源消耗强度大的起飞和着陆，并且避免拥挤的机场。因此，同样的路线，这两个廉价航空公司的每位乘客每公里释放的二氧化碳比老牌的航空公司释放得更少。尽管如此，排放权的初始分配仍然对老牌公司更加慷慨，从而导致财富从廉价公司转入老牌公司。当然，原国有公司与监管机构的关系更加亲密。

温室气体的排放具备外部性，它是无意识的和无补偿后果的经济活动。外部性的福利损失由于实际上是没有补偿的，因此，分配排放权的另一种方式是把补偿给予受害者。这将有助于恢复效率（见第4章第2节），并且它坚持了公平的基本概念：如果你想排放二氧化碳，你必须向可能被你的行为伤害的人购买权利。以这种方式分配排放许可证十分复杂，需要识别受害者以及估计他们的相对损失。气候变化的受害者大部分还未出生，所以需要先找到他们的祖先。这种分配在政策上也是不切实际的，大多数受害者生活在贫穷的国家，而排放则集中于富裕的国家，结果是更大程度的财富转移。一些人认为这是可取的，但这在政治上是没有机会成功的。

此外，排放许可证可以人均为基础进行分配。这对应了一个公平的基本概念：每个人都被同等对待。从更深层次上讲，这可能一点也不公平。居住在寒冷地区国家的人们需要更多的能源，他们住在那里是因为祖先的决定，并不了解气候变化和气候政策。残疾人通常也需要更多的能量。人均排放许可证的分配也是基于国际法：大气是人类的共同财产。从这个角度来看，政府已经承诺了一个不公平的世袭制许可证。它剥夺了我们——人民——的所有权给私营企业。但是，人均分配是不现实的，因为它将意味着巨大的财富转移。

免费分配排放权的一个主要问题是市场没有初始价格。在开始的时候，没有人知道许可证的价值。结果是市场很脆弱和不稳定。因此，作为排放权初始分配的第四个可选择方式是组织拍卖。许可证被卖给出价最高的人，交易者知道价格。监管机构获得大量收入可以用来降低税收、补偿受害者或者存入总统的银行账户。从分配来说，许可证拍卖相当于税收。

4.9 排放权的初始和最终分配*

图4-4描述了两人之间的实物贸易。一个代理人从污染活动中获得好处，另一个遭受污染。社会设计者应该将污染水平设置在污染活动的边际收益等于污染的边际成本的位置。

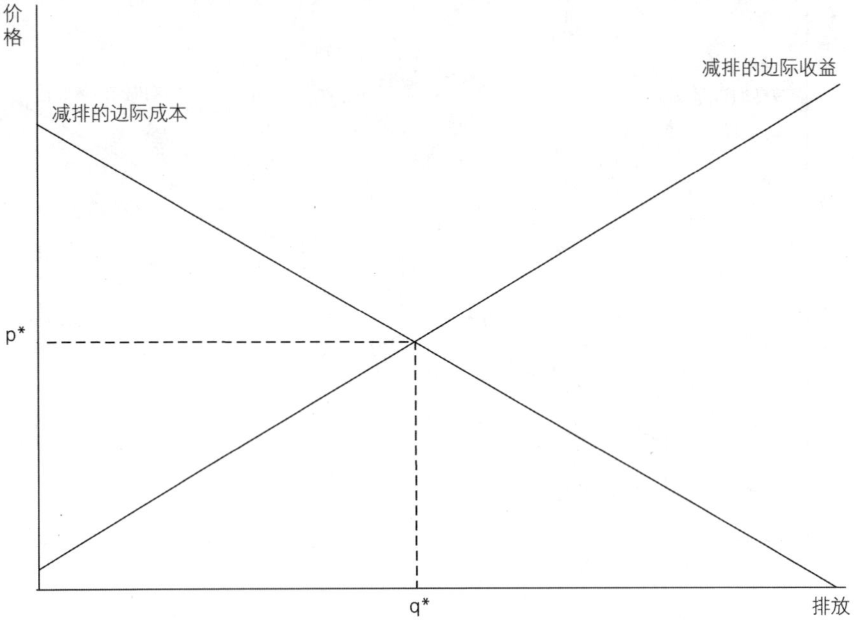

图4-4　减排的边际成本与边际收益，最优数量和最优价格

另一种替代方案是监管机构明确交易各方的产权分配并组织市场。假设被污染者有权享受原始环境，那么污染者就应该赔偿被污染者。只要污染活动的边际收益大于边际损失，那么双方就应该能够达成互惠互利的交易。双方一致同意边际成本等于边际收益的污染水平，符合双方最佳利益，如图4-5所示。

现在假设污染者有污染的权利，那么被污染者就应该因为减排而补偿污染者。只要减少污染活动的边际损失大于减少污染的边际收益，双方就应该能够达成相互有利的交易。双方一致同意边际成本等于边际收益的污染水平，符合双方最佳利益，如图4-6所示。

图4-5和图4-6说明了科斯定理（Coase Theorem）的环境解释。更为普遍的是，产权的初始分配不影响其最终分配。无论谁得到排污交易许可证，市场都以同样的方式对其分配。分配的结果——公平——不同，但独立于市场配置——效率。科斯定理把公平与效率区分开来。

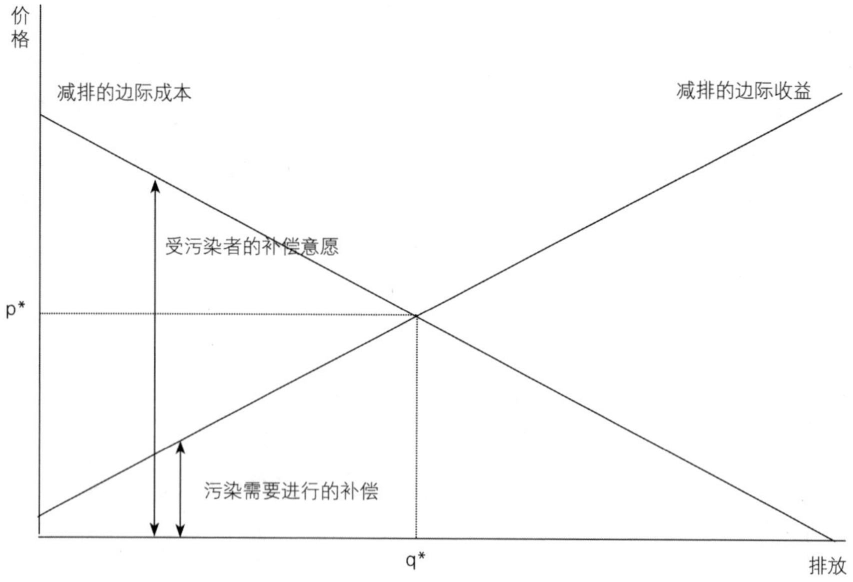

图4-5 如果存在零污染的权利，减排的边际成本和边际收益

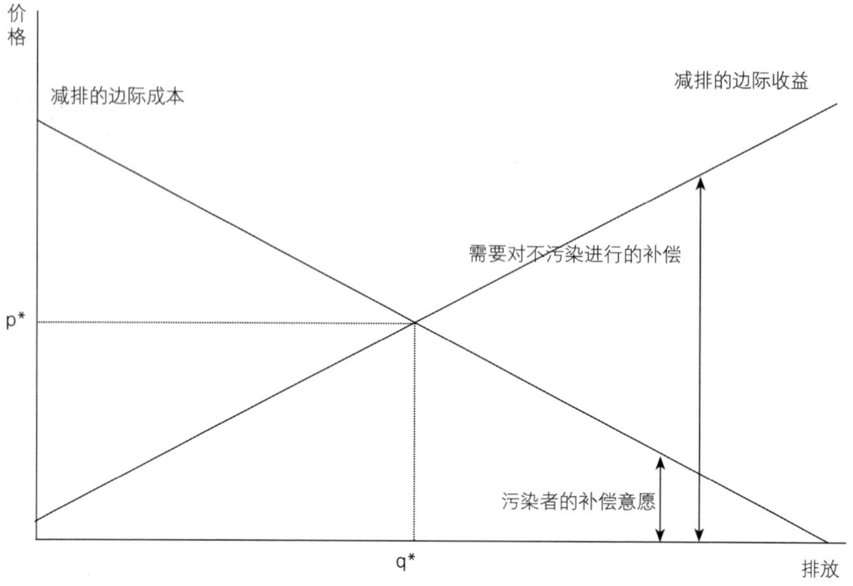

图4-6 如果有不受限制的污染权，减排的边际成本和边际收益

4.10　排放权的国际贸易***

远距离贸易在国家形成之前就存在了。贸易是经济的“自然”状态。国家建立人为的贸易壁垒，但这通常是减缓贸易而不是结束它。

这同样适用于排放许可。如果两个国家都有一个二氧化碳排放许可市场，但价格不同，一个国家出口许可证而另一个国家进口许可证将是互惠互利的。

然而，排放许可不是商品或服务，是政府许可。除非本国政府明确承认，否则外国政府的许可是毫无价值的。对其他商品或服务来说就不一样了，如在国外提取一桶油或在国外理发。因此，排放权的国际贸易要求所有参与国家互相承认可核查的行为。

如果规定统一，排污权交易的国际市场将完美衔接并且具有唯一的许可证价格。然而，管制不是统一的。排放许可证市场根据排放定义的方式而不同。(市场是否包括因土地利用变化而排放的二氧化碳？或者是否包括非二氧化碳温室气体?）市场也因排放的监控方式以及规定的执行方式而不同。监管机构可能施加不同的违规处罚，或有一个明确的价格下限或上限。

在国际排放许可市场执法与在最弱的国家执法一样无力。国际价格上限与价格最低的国家的价格上限一样低（如果监管机构发放更多的许可证以保持价格低于上限)。国际价格下限与价格最低的国家的价格下限一样低（如果监管机构购回许可证以保持价格高于下限，任何高于最小值的价格下限都会招致一个“乞丐-你-邻居”损人利己的游戏)。

但是，国家监管机构对于从国外引入的弱监管不是无能为力的。首先，不需要的国家可以排除在外。国家也可以根据原产国而区分征收进口关税或配额。排污权是政府许可，因此不受世贸组织规则的管制。

国家也可以实施兑换率。例如，可以将一个进口许可证设定为一个国内许可证的90%。也就是说，进口1吨二氧化碳可能被视为900千克国内的二氧化碳。这个兑换率可能反映了对排放的不同定义或不同的执行力。应该注意不能用这些兑换率创造套利交易的机会。兑换率是由政府行政命令设立的，因此，不能被用于套利，一个国际机构应该建立一套内部一致的兑换率。另外，如果国家在交易之后和执行期间公布兑换率，那么兑换率出现在许可证市场就像汇率出现在外汇市场一样，反映了交易者进行最终决策时的信心。

总之，尽管国家排放许可证市场可以合并形成一个国际市场，但为了所有参与国的利益，市场监管应考虑得更加仔细。

4.11 技术变化**

温室气体减排的成本是由化石燃料的价格与碳中性能源的价格差别主导的。如果可以引导技术变化直接以替代能源为导向，那么减排成本将会下降。同样，如果能源效率的改进速度可以加快，那么减排成本也会下降。此外，不同的公司、领域和国家类似活动中的能源效率差别很大。如果能源技术扩散加快，排放也会减少。

技术变化应该被小心对待。如果技术变化能够以零成本加速，那么这将是非常棒的。但是，如果技术进步向能源倾斜，将会有很大的机会成本。基于成本，能源只占经济总量的很少比重。如果我们以减少经济其他方面的技术进步为代价加速能源的技术进步，那么成本将是巨大的。短期内，聪明和有创造力的人才供给是固定的。更多的人从事能源研究与开发意味着更少的人从事通信技术（ICT）、医药等领域的研究与开发。

从长远来看，聪明和有创造力的人的数量可以增加，主要通过改善营养、医疗保健和教育的途径。学术界是由白人主导的，不是因为他们更聪明，而是因为他们富裕而享有特殊机会。然而，改变这一现状超出了气候政策的范围。

技术变化是很重要的。政府如何刺激技术进步呢？

技术进步有三个阶段：发明、创新和扩散。发明是一个新的想法或一个新的蓝图。创新是将现有的想法或蓝图转变成可以出售的产品或服务，或一个可以实现的过程。扩散是使新产品从第一次销售到批量进入市场。三个阶段都很重要，但它们需要不同的技能和不同的政策干预措施（如果有的话）。

发明需要有创造力的聪明人。他们不能被强迫，但是可以被激励。发明主要是在大学、研究机构和企业实验室完成的。发明很少产生知识产权，而是为全球知识储备做贡献。发明家的动机是荣耀和好奇心而不是金钱。当然，通过奖励研究人员做他们擅长的事以及支持大学和研究机构，一个国家能最有效地激励发明。

正如第2章所讨论的，经济的减碳化并不需要新的发明。我们知道如何数倍地供应世界能源需求而不排放二氧化碳。问题是碳中性能源的来源是未经证实的、不切实际的或十分昂贵的。因此，创新和扩散比发明更重要。

创新最好是由企业科研人员完成。创新不是创造新的东西，而是把理论上的东西转换成实践上的东西。政府有一些成功的创新，但许多是失败的。当然，企业的创新失败率也很高，但是没有像公共部门那样糟糕。创新者承担风险并以更大的前景为动机。政府的作用是激励大公司把最聪明的人才投入到气候友好的研究开发中，并且开始关注替代能源。

扩散最好是由企业家来做，其核心是吸引更多顾客购买新产品。扩散是把可用的东西变成人们想要的东西。扩散的动机是一个稳定并增长的利润流。政府可以通过监管给予帮助，但供应市场不是公共部门的核心任务。上面讨论了激励扩散的政策工具：税收和排污权交易。

总之，特定的气候技术政策应该专注于创新，而不是发明或扩散。政府有许多手段来刺激创新。

专利可能是关键的手段。创新可以被其他公司模仿，如果内含于产品的知识不能被保密（例如，因为产品可以逆向设计），专利能针对模仿者对其提供法律保护。从本质上讲，专利对特定的技术给了暂时的垄断权力。专利权人要么独家生产产品，要么许可其他公司这样做。垄断租金是对创新者创新努力和承担风险的回报。如果专利设计合理，那么因垄断供给产生的效率损失小于加速创新产生的福利增加。

专利是一个通用的工具，并不只服务于环境友好的创新，而是服务于所有的创新。其他广泛应用的工具是研发补贴和税收减免。这里有两个问题。第一，它奖励的是努力而不是成功——也许通过伪造账目获得财政补贴更有效率。第二，研发补贴往往是非常具体的。是政客或公务员决定哪些特定的技术值得支持，政客或公务员可能很好地预见到什么产品会在市场上取得成功，但政府往往支持错了。

经济学家称之为“挑选赢家”。政府不善于挑选赢家。政客们很了解政治，公务员很了解行政事务，他们对私营部门不太精通。除此之外，公共部门并没有押注自己的资金，因此，缺乏规范风险的关键手段。

政府是一个大型消费者。它可以利用其购买力支持尚未打开市场的特定产品。同样，政府挑选赢家。这种选择性采购策略也意味着运行公共部门比其实际需要更昂贵，并且可能意味着公务员要面对着有初期问题的实验产品。选择性采购是说客的财源。

政府采购仅适用于已经在市场上存在的产品。政府也可以选择有条件的采购。例如，想象一下，在盖茨基金会和英国政府的支持下，将从第一家以1美元或更低的价格销售疟疾疫苗的公司购买1亿剂量单位的这种疫苗。这就为即将发明的产品保证了一个市场。这不是挑选赢家，因为政府指定的是结果而不是技术。它奖励的是成功而不是努力。气候政策可以使用相同的模式。

作为承诺购买特定商品的替代方法，政府也可以禁止其替代品。例如，消耗臭氧层物质的《蒙特利尔议定书》禁止氯氟烃类（CFCs）产品，因此为氢氟烃（HFCs）类产品创造了市场。荷兰的化工行业自愿同意其每一个新安装的用能装置的能效都排在全球前五。政府可以考虑禁止出售燃料效率比市场上最好的汽车少于超过X%的汽车（同一类别和价格范围）。这个手段创造了创新激励：驱离竞争能力。它允许创新者，而不是公务员和政治家，设置创新的步伐。它奖励成功而不是努力，它也没有挑选赢家。

保证采购或更大的市场份额可以视为赢得技术竞赛的“奖赏”。政府也可以赋予实际的奖励。在18、19世纪这曾是一个很受欢迎的政策。最近，X雅达利奖已经相当成功。例如，太空飞行奖价值1 000万美元，但创造的研究价值达3亿美元，并有可能开创一个新的市场。

但是，创新的最好激励是可信的减排政策。创新是对未来的投资，认为被发明的产品一定会有市场完全是一种赌注。对于温室气体减排来说，需求主要由政府政策驱动。如果公司不相信未来会有气候政策，它们就不会创新。从这个角度来看，碳税是首选。税收很少被废除，并倾向于上升。相比之下，补贴通常是短期政策，许可证价格不稳定，直接管制也难以预测，并且对创新超越目标没有激励。

4.12　排放权交易实践：欧盟碳排放交易系统**

欧盟排放交易体系（或过去已知的机制；EU ETS）是世界上最大的排放许可市场，并且是唯一的跨国市场。EU ETS现在处于第三阶段。第一阶段，2005—2007年，主要是测试阶段。第二阶段，2008—2012年，帮助欧洲实现其在《京都议定书》中的承诺。当前为第三阶段，2013—2020年，反映了欧盟控制温室气体排放的单方面承诺。

EU ETS包含了31个国家11 000套装置（而非公司）的排放。澳大利亚计划2015年加入。所有下降的温室气体中45%属于EU ETS，包含发电和供热、金属生产、纸浆和纸张、大宗化学品和矿物产品生产中产生的二氧化碳；生产酸类产品产生的氮氧化物；铝制产品产生的全氟化碳。联盟内部航空排放的二氧化碳也包含在内，对非联盟航班的交易已经暂停。这里有两个限制标准，除了上面列出的部门或气体种类标准外，EU ETS还将交易范围仅限制在单套装置排放规模超过规定数值的部分。

许可证市场可以从生产链条的任何一个节点开始。在上游市场，化石燃料的进出口需要排放许可证。问题是这些领域的公司数量很少，所以市场的作用仍无法确定。在下游市场，载碳商品和服务的消费需要排放许可证。由于有那么多的参与者，管理成本将会很高。人们发现管理自己的个人碳账户并非易事。因此欧盟选择了中游市场。

排放许可证可以电子注册。许多许可交易可以通过经纪人在台下（即两个排放者之间直接）进行。许可交易的衍生品市场得到很快发展，许可证也可以在拍卖中购买了。

排放许可证在每一阶段内都是可更换的。也就是说，第三阶段排放许可证可以在2013年到2020年间的任何时候使用。在第二和第三阶段之间，排放许可证可以储备但不可转借。也就是说2008年到2012年的排放许可证在2012年之后仍然有效，而2013年到2020年的排放许可证在2013年之前是无效的。

最初，许可证是可以继承的，即基于过去排放基础免费分配获得。随着时间的推移，越来越多的许可证是拍卖获得的。2013年，40%的许可证是拍卖获得的。到2020年许可证将会全部由拍卖获得。拍卖许可证是欧盟委员会（European Commission）[2]的第二直接收入来源。

EU ETS有很多原始问题，其中一些是可以避免的。最初，许可证被分配给了成员国。由于EU ETS只涵盖了大约一半的碳排放，且对另一半碳排放无法实施有效限制，因此，其成员国把排放许可看成了一个新的出口行业，每一个成员国都对其公司分配了比它应该获得的更多的许可证。当排放许可供应过剩使得市场崩溃时，欧盟委员会接管了许可证的分配。

在开始阶段，EU ETS对成员国之间的排放增值税（VAT）采取了不同处理。我行我素的投机者从没有增值税的国家购买许可证出售给有增值税的国家，将应该进入国库的合法资金转移到其公司，然后公司倒闭将钱洗白。一些人最终因此坐牢，更多的人或许靠墙晒起了太阳。2010年以后，增值税的处理方式达成了统一。

EU ETS还存在一些行政问题。几个电子注册客户被黑客攻击，交易被迫暂停。在罗马尼亚，负责排放监管的公务员休产假却没有接替人员补充。监管对许可证的完整性至关重要。联合国气候变化框架公约（UN-FCCC）正式暂停了罗马尼亚的资格。立陶宛和斯洛伐克也因排放监管违规被撤销了资格。EU ETS没有效仿这种做法。

在买方责任制下，销售完成后买方对产品负责。以水果为例，一旦你买一个腐烂的橙子，它就是你的问题。卖方负责则恰恰相反。这很少见，并且通常仅适用于典型的信息十分不对称的情况。在许多辖区，如果你买一辆二手车，在销售后的一段时间内如果出现问题你可以退回。如果你买一幢新建造的房子，建造者数年间都要对结构性缺陷承担责任。

排放许可证是卖方负责制。如果一个公司没有许可证而排放二氧化碳，那么将对其加以罚款。如果一个公司欺诈销售许可证——也就是说，它卖掉自己的许可证但并不相应地削减排放量，那么购买此类许可证的公司是不受影响的。采购公司应将这件事报告给所在国的监管机构，反过来由国家监管机构联系该公司的监管机构通知其公司犯了欺诈罪（并告知欧盟委员会）。后一监管机构应该对其处以罚款。

虽然这在理论上可以接受，但实践是不同的。严格监管的成员国的遵纪守法的好公司不需要担心购买到假的许可证。欧盟的执行力与其执行力最差的成员国一样。联合国气候变化框架公约对三个成员国因其违规监管而暂停资格。有组织的犯罪已渗透到两个成员国的政府。一个成员国已宣判其总理有诈欺罪。另一个成员国伪造其国民账户。两个成员国经常以获得更多的欧盟补贴为目的伪造其牛奶和橄榄油的统计数据。我们没有理由相信管制的排放量与排放许可证的数量相等。

最初，排放许可证的价格很高，见图4-7。然而，当大家知道初始过度分配的程度后市场就崩溃了。之后，价格再次拉升。经济大衰退开始以来，价格逐渐下降。原因有两个：首先，低迷的经济增长意味着排放很低（见第2章）；其次，人们似乎并不相信在可预见的未来排放将再次开始增长，或者是减排的目标将不会被收紧。

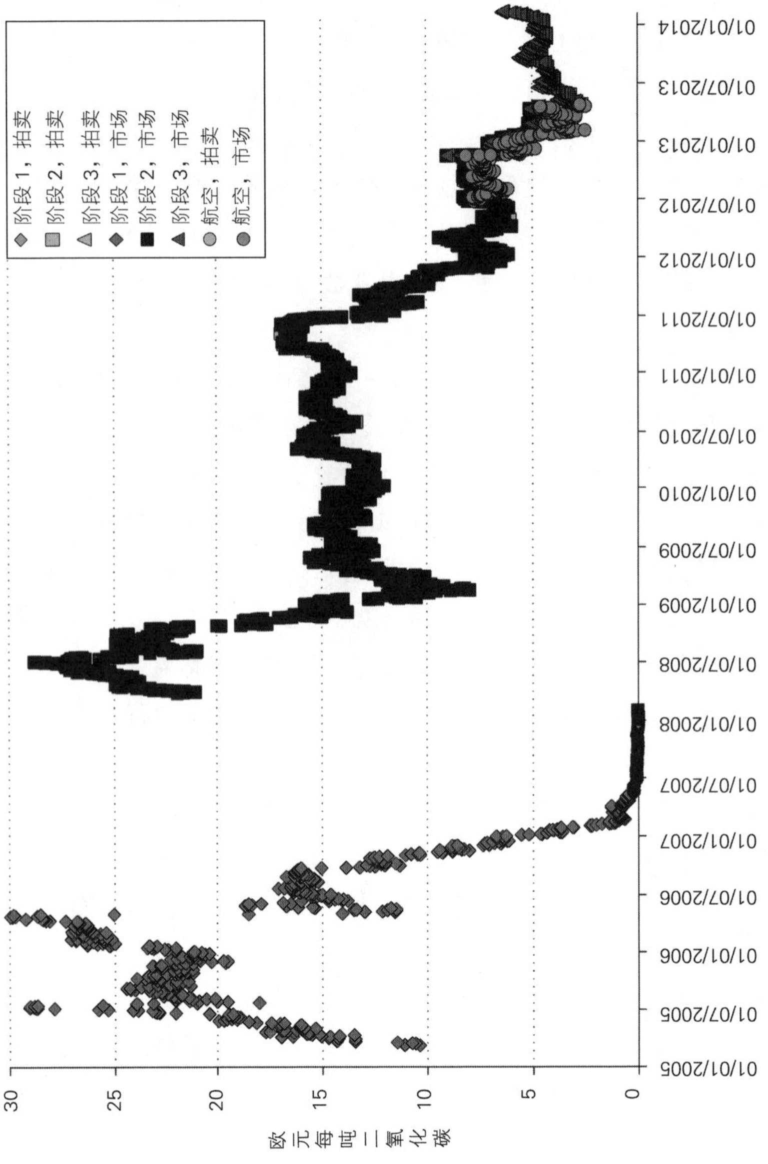

图 4-7 EU ETS 温室气体排放许可证的价格

4.13　排放权交易实践：清洁发展机制**

联合国气候变化框架公约（UNFCCC）的《京都议定书》，通过三个“灵活性”机制预计一个国家通过投资于另一个国家的减排可以降低减排成本。这些机制是经合组织国家间的排污权交易，经合组织国家和苏联的联合行动以及经合组织和世界其他国家的清洁发展机制（CDM）。只有最后一个工具被大量使用着。

清洁发展机制的初始关键特征是，大多数经合组织有排放目标而其他国家实际上没有排放目标。因此，排污权交易不可行。排放许可证来自排放权力分配，并且总的排放量可以很容易拿来与总的排放许可证进行比较，而清洁发展机制是可核查减排量（CERs）交易。CERs是基于项目进行定义的，是没有这个项目时的排放量与实际排放量（有这个项目）之差。

CERs是反设事实定义。因此，CERs是由官方承办的。承办的官僚机构十分复杂，拥有许多组织和委员会。这意味着CDM偏向于大型项目（以摊薄项目审批的固定成本）和中等收入国家（拥有必要的专业知识来获得项目的审批）。这也意味着CERs的价格总是比EU ETS中排放许可证的价格低几欧元，尽管这两个证书在法律上平等并且是完全可替代的。

因为CERs是反设事实并基于项目的，因此，很难保证其代表真正的减排量。当然这也是承办的官僚机构如此复杂的原因之一。但是，目前的保障体系并不充分。例如，种植森林会永久地消除大气中的二氧化碳——如果树木依然存在的话。然而，合法的土地使用权（森林的完整性作为碳汇）对法庭或统治者变化无常的国家或合同执行很差的国家毫无意义。合同可以被废止或被忽视，使得CERs的持有者两手空空。

另外一个例子是，在印度尼西亚关闭一家摩托车工厂的项目被看作是减少排放并且有资格获得CERs——即使这个项目使得摩托车的需求以及摩托车生产的排放不变。如果出售CERs的收入大于购买和缩减业务的成本，那么这样一个项目是有利可图的。

第三个例子是，一些温室效应非常强的工业气体成本很低，关闭类似工厂通常是符合CERs项目要求的。一些企业就以出卖CERs为唯一目的关闭工厂并出售其设备给下一家同样的企业，这样的骗局不应该得以继续。

虽然存在上述问题，但是6 000个CDM项目已经被批准了。因为手握凭证可以代替国内的减排。

延伸阅读

关于（国际）特定的具体的气候政策，特别是关于排放交易的书有很多。Thomas Sterner 和 Jessica Coria 撰写的“Policy Instruments for Environmental and Natural Resource Management”（2002）一书就是一部很好的论著。

IDEAS/RePEc对这个主题有精选书目，参考网址：http://biblio.repec.org/entry/tda.html。

练习

4.1 在第8节，韦茨曼定理用价格与数量对比说明了监管机构假设边际减排成本比实际成本更高的情况。请用此方法分析监管机构认为边际减排成本比实际成本更低的情形。同样用此方法分析监管机构认为边际损失成本比实际值更低的情形。

4.2 假设公司I的减排成本 $C_i = \frac{1}{2}\alpha_i R_i^2$ ，基础排放量为 E_i，排放目标为 T_i。没有排污权交易，企业不得不减少排放 $T_i=(1-R_i)E_i$。有排污权交易时企业减排如何？许可证的价格是多少？（提示：假设所有公司都是受价者）假设 $I=3$，$\alpha_1=1$，$\alpha_2=2$，$\alpha_3=3$，$E_i=100$以及 $T_i=90$，有无排污权交易的成本差异是多少？如果 $T_1=80$，$T_3=100$，许可证价格及减排会发生什么？

4.3　阅读与讨论

- **D.Cameron，N.Clegg and N · Huhne（2011），The carbon plan: Delivering our low carbon future，London: HM Government. https://www.gov.uk/government/publications/the-carbon-plan-reducing-greenhouse-gas-emissions-2.
- **P.Morell（2007），'An evaluation of possible EU air transport emissions trading scheme allocation methods'，*Energy Policy*，35，5562 - 5570.
- **J.D.Fitz Gerald and R.S.J.Tol（2007），'Airline emissions of carbon dioxide in the European trading system'，*CESifo Forum*，1/2007.
- ***C.Boehringer，H.Koschel and U · Moslener（2008），'Efficiency losses from overlapping regulation of EU carbon emissions'，*Journal of Regulatory Economics*，33（3），299 - 317.
- ***A.Anger and J.Koehler（2010），'Including aviation emissions in the EU ETS: Much ado about nothing? A review'，*Transport Policy*，17，38 - 46.
- ****T.Requate and W.Unold（2003），'Environmental policy incentives to adopt advanced technology: Will the true ranking please stand up?'，*European Economic Review*，47，125 - 146.
- ****C.Fischer，I.W.H.Parry and W.A.Pizer（2003），'Instrument choice for environmental protection when technological innovation is endogenous'，*Journal of Environmental Economics and Management*，45，523 - 545.
- ****C.Fischer and R.G.Newell（2008），'Environmental and technology policies for climate mitigation'，*Journal of Environmental Economics and Management*，55，142 - 162.

注释

1 注意，如果外部性是积极的，那么补偿流的方向相反。

2 对违反竞争法的罚款是欧盟的其他直接资金来源。

[第5章]

影响与评价

微博专栏

- 气候变化影响受控的和非受控的生态系统。特殊物种以及濒危物种将会遭到重创。
- 由于二氧化碳的营养作用，全球粮食产量首先会增加，但在21世纪后期会减少。
- 气候变化增加了对饮用水、冷却水以及灌溉用水的需求。洪水和干旱的影响都变得更糟。
- 能源的需求在冬天会下降，在夏天会上升。除非在劳动场所广泛使用空调，否则劳动生产率会下降。
- 与寒冷有关的死亡率将会下降，而与炎热相关的死亡率则会上升。传染性疾病，如疟疾和腹泻的发生率，将会增加。
- 海平面上升会导致土地减少、湿地丧失、洪灾、海水入侵，需要昂贵的保护措施。
- 采取适应措施可以大幅减少气候的消极影响，甚至可以将其转变为积极影响。
- 气候变化的影响多种多样，需要用很多指标评估其严峻性。
- 发明货币是为了比较和增加不同商品、服务、甚至收入的价值。
- 相关市场的行为（住房、娱乐、劳动）可以用来估算环境商品的货币价值。

- 显示偏好的方法只揭示了环境的直接消费价值。
- 陈述偏好的方法可以揭示环境的任何价值，但人们不一定说真话。
- 监测值涉及许多方面，但难以进行综合，因此很难推断未来的气候变化。
- 由于厌恶损失和规避风险，接受补偿的意愿比支付意愿更大（很多）。

5.1 气候变化的影响**

气候变化的影响多种多样。

温度、降雨量、云量、风向、风速等的变化将直接影响植物和动物，这些影响通过捕食、竞争和其他生态互动会产生进一步影响。对于受控的和非受控的生态系统都是如此。这些影响一部分是积极的，另一部分是消极的。一些影响会很小，另一些影响则很大。

受影响最大的是濒危物种和特殊物种。根据定义，濒危物种处于生存的边缘。任何变化，包括气候变化，要么把它们推向灭绝的边缘，要么极大地扩大它们的生态位。

根据定义，特殊物种只有在非常特殊的条件下才能茁壮成长。相比之下，普通物种能够在大部分地区生活。通常，特殊物种不会茁壮成长，而是在其他生物不能生存的地方生存。如果气候变化，它们的生态位就会消失。虽然在其他地方可能会出现新的生态位，但新旧生态位之间是否在地理位置上能够保障特殊物种的顺利迁徙是不确定的。以雪绒花为例就很容易说明。雪绒花是一种漂亮的小植物，生活在其他物种不能生存的高海拔的阿尔卑斯山上。如果全球变暖，雪绒花将会北移——但它不能直接从较低的山顶跳到较高山顶，也无法与生活在山谷的植物竞争，而且阿尔卑斯山北面没有紧邻的山脉。

气候变化也许并不意味着地球的大部分地区将变成像没有生命的月球

表面一样，但是，由于其导致较少的物种覆盖面积较大的地球表面，自然生态将会变得黯淡无光。

网络图5-1展示了可能会发生这种情况的规模。着色区域表示生态系统组成的大规模变化。其细节取决于模型和气候情景，但变化规模与模型和情景设定无关。

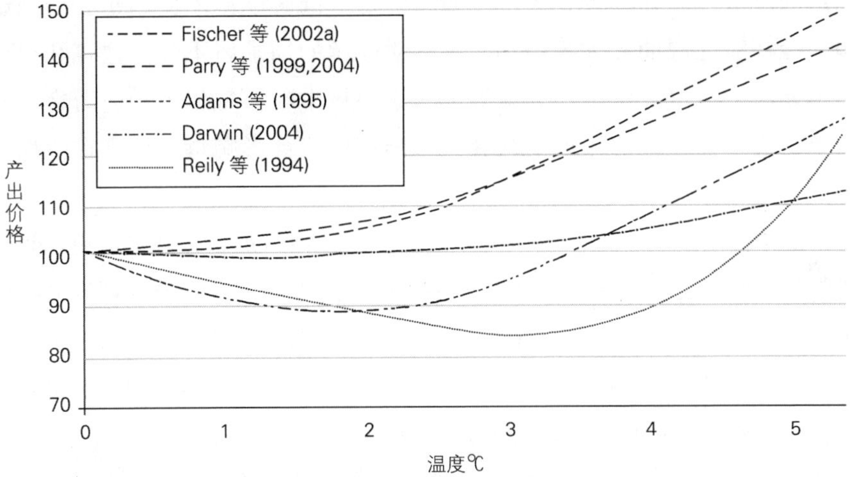

图5-1　气候变化对食物价格的影响

Source: IPCC WG2 AR4 Chapter 5 (references in the figure are detailed in this chapter).

农业和林业也会受到气候变化的影响。大多数作物，也包括杂草，会因为大气中二氧化碳的浓度较高而较快增长。这是一种营养作用，可以使植物更有效地控制水量。一些作物受益于温暖和湿润的条件。另一些作物可能遭受干旱或是难以承受高温蒸烤。净影响取决于作物本身及其地理位置。

图5-1显示了五个不同模型测算的综合影响。其指标是食物的国际市场价格。在接下来的几十年里，由于气候变化，世界粮食产量很可能增加，从而抑制食物价格的上涨。然而，从长远来看，气候变化更倾向于减

少粮食产量，从而推高食物价格。

气候变化影响水资源——既通过降水和蒸发直接影响又通过用水变化间接影响。水资源变化将对农业、自然、饮用水以及内河航行产生影响。水资源变化也会影响发电，因为水常常作为冷却剂被使用，水的减少或变热会使发电受限。水资源变化还会对能源供给产生进一步的影响。首当其冲的是风、风能、云量以及太阳能。但是当天气很热时，阻力随传输电缆的温度升高而加大，火电厂效率降低。同时能源的使用也会受到影响。冷却对能源的需求将增加，加热对能源的需求将下降。建筑和交通由于寒冷、热浪、洪水和大雾等天气事件被中断。每年冬天，游客涌向山上滑雪，而夏天海滩很受欢迎。气候变化将会影响特定地点在假期的吸引力。

海平面上升将会产生很多的影响。海岸侵蚀将加剧，洪水会更加频繁或强烈。海水会侵入到地下水。很多人担心海平面上升会导致环礁岛屿消失，这些岛屿通常不会达到超过当前海平面一米的高度。海水入侵可能会使几十年前可以居住的这些岛屿最终消失在海浪下。尤其是如果保护内陆的海岸防御工事迁移，沿海湿地会被淹没。

在气候变化的所有影响中，人类的适应都是至关重要的，海平面上升可能就是最好的说明。古希腊和中国很早就意识到了海岸防御工事的重要性。随着海平面上升，建筑物、道路和土地都被冲毁，因而人们不会袖手旁观，开始提高堤坝、修建交叉拱以及养护海滩。在许多地方，气候变化的主要影响是适应变化带来的成本，剩余的影响相对较小。

气候变化也会影响劳动生产率。人体在环境中处于热平衡状态。与任何温血动物一样，我们需要保持一个特定的体温。为保持体温，人的身体在寒冷时颤抖，在炎热时出汗，这都是能源消耗。工作会提高我们身体的温度。在潮湿的条件下，出汗保持体温的效果会下降。所以当环境炎热和潮湿时，人体是无法工作的。如果气候变化，那么户外生产率以及体力劳动效率将会下降。

热浪通过相同的过程影响人类健康。当天气炎热时，健康的人也会感到疲惫，更不要说幼童或老人以及患有心血管和呼吸障碍的人。寒冷也会致人死亡，和炎热一样，寒冷对人体产生生理压力。在寒冷的天气里，人们更易在室内聚集，使传染病流行更易发生。气候变化通过营养（见前面对农业的讨论）、空气污染以及如腹泻、疟疾和霍乱等载体传播疾病，进一步影响人类健康。

5.2 评价目的*

货币评价的目的是预测未在市场上交易的环境商品和服务的价格。市场上的商品和服务，特别是准备出售的，通常是有价格的而且财产也常常经过评估。而环境评价的目的则不同。

气候变化的影响有很多，一些是积极的，一些是消极的，有些大，有些小。影响因时间和空间而不同。不将各种影响集成为一个指标很难回答气候变化是否是一个问题，也很难回答它是一个大的难题还是一个小的问题。货币评价服务于这一目的。它将影响放在一个通用的指标中，这里指货币，是综合评估的一个先决条件。

用货币来表达气候变化的总影响和边际影响十分方便，因为它可以直接与温室气体减排的影响进行比较。它还可以与其他问题以及GDP进行比较。此外，如果给气候变化的受害者以补偿，其形式似乎也只能是货币。

有些人反对环境评价，或者很难理解把观念上有价值的东西标上一个价格是可行的或有意义的。然而，发明货币就是为了这个目的。在一个有N种商品的以物易物的经济中，有0.5*N*（N−1）种价格。在货币经济中，只有N种价格。这就是货币被发明的原因：减少贸易中的交易成本和信息成本。并且以货币作为媒介，一些奇怪的贸易能够达成。在一个不宽松的预算中，学生要在一条新的牛仔裤、出去玩一夜和一本教科书之间做出选择。这些东西教授都买得起，但是教授要在一艘船、扩建房屋和送孩子去哈佛之间做出选择。乍一看这些东西是无法相互比较的，但是这些选择每天都在进行。想来，人们是可以比较这些事情的。为有些东西花钱是物有所值，另一些东西则相反。

环保物品和服务的货币评价是为了改善决策并使我们所做出的选择与我们的其他选择保持一致。如果没有成本我们会将环境质量最大化。事实并非如此。为了减少排放我们需要做出牺牲。这些牺牲一部分是值得的，另一部分则不值。货币评价为决策提供依据。

5.3 评估方法：显示偏好*

评价环境物品和服务的方法很多，形式多样。应用个人和家庭的实际行为的方法更可靠但是很狭隘。旅行成本法是最老的方法，可能也是最直观的方法。它属于家庭生产法这一大类。

考虑一下你所在地的公园。如果你询问游客他们来自哪里，你会发现他们中的大多数来自周边地区。很多人住在一条街区的距离，带狗或孩子一起来公园。一些人需要骑车或开车10～15分钟。很少有人跨越整个国家来此旅游，更没有人会从世界各地飞到你所在地的公园。这完全合理。你的公园是不错，但并没有什么特别的，其他地方有许多类似的公园。为什么会有人只是为了游览你的公园而旅行呢？

现在考虑一下大堡礁，这里有许多游客，当然，也有当地人，但相对较少。世界各地的人们飞来这里参观大堡礁。为什么？因为它是独一无二的并且十分壮观！

你购买的食物对你来说至少值得你花费那么多货币。你在电影院看到的电影至少值得你花那么多钱去购买电影票。你进入当地的公园不需要支付入场费。然而，为了到达那里，你确实得花时间，并且你还可能把钱花在公共汽车票或类似的东西上。

如果你扩展你的游客调查内容，询问人们他们需要多长时间到达公园以及为了到达公园他们花了多少钱，你会发现大多数人只支付了很少的钱，少数人花费得稍多一点，几乎没有人花费一大笔钱。你会发现这与需求曲线看起来十分相似：低价格、高需求；高价格、低需求。事实上，你已经找到了一条需求曲线。如果依据曲线进行综合评估，那么你可以估算当地公园产生的消费者剩余。然后，如果你对大堡礁重复这一试验，你会发现当价格高时，需求仍然很高。

虽然概念上很清晰，但是旅行成本法被实际困难所困扰。旅行的时间是有价值的，但是到底有多大价值呢？在一个完美的劳动市场，工资等于休闲的边际价值——但是劳动市场通过多种形式被扭曲。旅行经常用于多种目的（如去公园和商店，访问悉尼和大堡礁），这意味着旅游费用需要分配给这些目的。有时旅行是一种成本（如独自在一辆炎热拥挤的火车上旅行），有时旅行是一种娱乐（如和朋友在凉爽安静的火车上旅行）。通过足够详细的调查、大量的数据以及适当的经济计量可以克服这些问题。

显示偏好法的第二类是分析家庭消费。享乐定价是众所周知的例子。坐落在美丽的环境中的房子价格比坐落在恶劣的环境中完全一样的房子的价格要高。价格的差异表明了美丽环境的价值。

与旅行成本法一样，享乐定价概念上简单但实际操作困难。建筑商并不傻，他们把最漂亮的房子建在最好的环境中，更普通的房子建在其他地方。昂贵的房子吸引更多富有的业主，他们往往受到更好的教育，并且作为邻居更具有社会吸引力。这样的社区往往有更好的学校和其他设施。从更大范围来说，工资对当地的生活成本和环境吸引力都做了补偿。总之，房地产市场受到许多因素的影响，你需要凭借大量的观察和适当的经济计量方法来隔离环境的影响——但这是可以做到的。

5.4　评估方法：陈述偏好*

显示偏好法在对实际决策的分析上有优势，缺点是它只考虑在市场交易中间接表示的价格。

我关心鲸鱼，但在过去15年中，没有任何行为显示我关心鲸鱼。我没有为绿色组织——保护鲸鱼活动的主要非政府组织——做贡献，因为我不同意它们的能源和气候政策。我不去观赏鲸鱼。我曾这样做过一次，但是鲸鱼没有出现。我也不会再这样做。你可以15年一直跟着我，检查我所有的银行对账单，但你不会知道我在乎鲸鱼。然而，我确实在乎。为了找到答案，你需要参加我的课或阅读我的书，或者你可以问我。

陈述偏好法所做的正是这一点。条件价值评估法是最早的也是最广泛使用的方法。它使用包括如“为了维持北大西洋灰蓝色座头鲸的数量你愿意贡献多少?”的问题的调查（面对面、通过电话、互联网)。研究人员现在从开放性问题（如上）转移到单界问题——“你愿意每年支付超过50英镑吗?”，或者双界问题——“你愿意每年支付50英镑到75英镑吗?”，并且受访者是随机的。最近，权变选择法十分流行。这里，受访者被要求选择属性集——“你愿意每年贡献50英镑使座头鲸数量维持在8 000头还是愿意每年贡献75英镑使座头鲸数量维持在10 000头?”因为权变选择与其他购买决策更相似并且显示了受访者所关心的更多环境特征，所以权变选择得到了认可。

陈述偏好法的主要优点是你可以评价任何事：环境服务的消费（如同显示偏好)、期权价值（现在我不用，但是稍后可能会用)、遗产价值（我不是十分在乎，但是我希望我的孩子们享受）以及存在价值（我更加快乐，因为我知道有鲸鱼的存在)。

陈述偏好法的主要缺点是受访者可能不会把货币放在他们所说的地方。因此，受访者可能对表达他们的偏好不是很在意，或者他们可能试图误导采访者。

受访者可能被采访者所影响：他们可能会排斥（因此给很低的值或根本不给）或试图给人留下印象（因此给很高的值)。受访者可能认为不是要求他们自己贡献，而是让他们花政府的钱，因此他们的答案将会被其他受访者平均。受访者可能关心问题中的环境服务，但是反对建议的方法(例如，为了保护环境征收更高的税)。

标准的微观经济理论假设人是理性的并且是获得完全信息的。事实上，经验是对人的一个更好的描述。如果人们在一个熟悉的环境中进行日常决策——如每周去超市——他们会买他们想要的东西，并在可接受的质量下支付一个合理的价格。如果你让人们在一个陌生的环境中做出同样的决定——如在一个外国超市——就会出现错误。对于非常规决策，人们在做出选择之前，通过搜索互联网或是与朋友和家人谈话收集信息。

条件价值评估法和权变选择法使受访者处于不熟悉的状况并要求他们做出非常规的决定，因而结果散乱。

陈述偏好法正在实施一系列标准化测试，以检查并纠正可能进入结果的偏差。这些方法经常应用在公共政策制定以及诉讼中，这是一个非常活跃的研究领域，但其结果与我们所希望的结果相比可靠性较低。

5.5 关于气候变化的争论：利益转移**

对气候变化的影响，有两个评价方法尤为适用。

基础评价成本高昂。如上所示，概念上简单的想法很难付诸实践。应用显示偏好研究会很容易地占用某人一整年。陈述偏好研究更加费时。因此，基础评估的数量十分有限。因为方法在不断发展，所以研究人员经常回顾过去并重新评价之前研究的商品和服务。

案例研究十分科学而且反响较好，但是为了推广公共政策，我们需要全面覆盖每一个位置的所有商品和服务的影响。推断必不可少。

有两种技术常常用于推断从一个地方到另一个地方，从一个问题到另一个问题，从一个时期到另一个时期的基础评估。第一，现有评估从属于元分析，应用一组统计技术在先前发表的结果中发现经验规律。例如，这可能显示富人愿意为环境保护支付更多，可以估计出收入弹性。第二，根据评估得到的关系用观察案例的情况推断所有的情况。这就是所谓的利益转移（通过转移函数）。[1]

这是一个合理的方法。遗憾的是一元回归分析解释力较低，利益转移法的有效性检验表明误差很大。原因是双重的：一是数据杂乱且估值与具体背景高度相关；二是习惯是无法被预测的。

因为气候变化的相关影响发生在未来并且无法观察，所以利益转移很重要。此外，几乎没有评价环境变化影响的基础研究，所以我们只能借助于诸如职业健康、空气污染和富营养化等其他方面的研究成果。最后，评价研究不均衡地集中在发达国家，但气候变化的影响主要集中在贫困国家。因此，对气候变化影响的评价是一件特别不确定的事情。

5.6 关于气候变化的争论：WTP与WTAC**

本节介绍的是对气候变化评价尤为重要的另一个问题。前面，我将获得环境商品或改善环境服务概念化为支付意愿（WTP）。你也可以将问题概念化为对环境质量恶化接受补偿的意愿（WTAC）。

看看如下例子。有人敲你的门，告诉你关于把路边停车场转换成一个公园的计划，并要求你捐款。将情况反转，有人敲你的门，告诉你有关把路边公园转换成停车场的计划，并提供你经济补偿。

客观地讲，比较的东西是一样的：铺路和汽车对比树和草。不过，这里有差异，在前一种情况下，你被要求贡献，因此受到你的预算的限制；在后一种情况下，提供给你货币，因此受限于你对对方预算的认识。在标准的微观经济假设下，由于预算约束产生了一个小差异。但是，如果补偿收入不能替代被评价的物品，那么支付意愿（WTP）和接受补偿意愿（WTAC）的差异可以很大。

还有另一个不同之处：你可能由于对这个地方的快乐回忆而眷恋一个现存的公园。你可能经常在那儿遛狗，或者那是你初吻发生的地方。你不会眷恋一个几分钟以前介绍给你的假想的公园。因此，失去公园接受补偿的意愿大于获得公园的支付意愿。[2]

实证研究确实显示这一点，见图5-2。损失一个商品或服务接受补偿的意愿大于——往往大得多——获得同一样商品或服务的支付意愿。这里提供4个解释。预算约束和情感依恋是其中的两个。

研究表明，人们厌恶损失。他们给现状一个附加值。失去东西的痛苦感大于得到同样东西的愉快感。即使是常见的、低价值的商品（如，咖啡杯），获得了还不到一个小时，也被证明会发生厌恶损失。如果你给学生一个咖啡杯，然后试图从他们手中买回来，他们要求的价格远远高于在隔壁商店他们对相同咖啡杯的支付。这种行为很容易被描述为非理性的。它创造了一个公共政策的困境。你是教育人们要更加理性，忽视个人偏好，还是要在政府决策中反映人们的特殊情感？

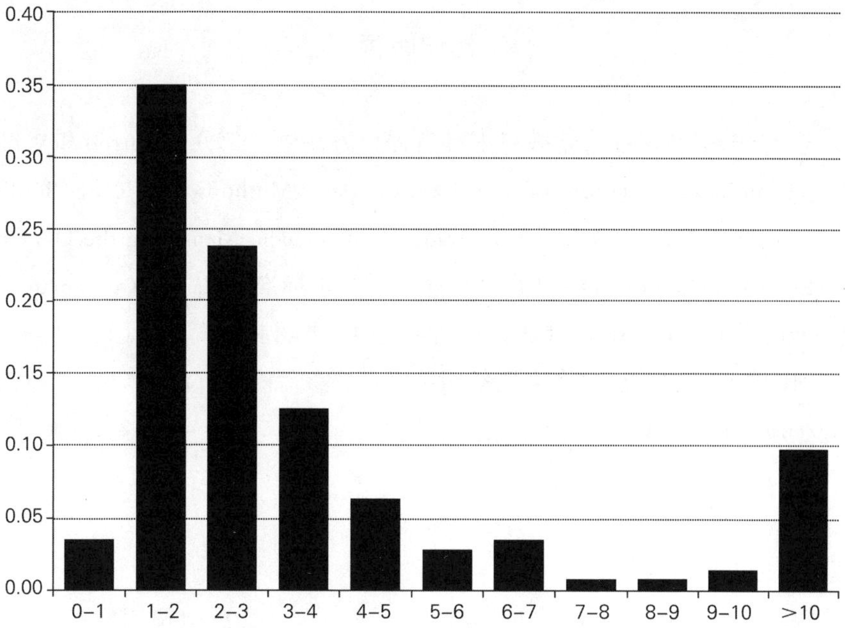

图5–2　37个研究中168个评估值的平均支付意愿和平均接受补偿意愿的比率直方图

WTP与WTAC之间差异的第四个解释是自愿风险不同于非自愿的风险。假设你喝醉了，去兜风，发生一起事故并失去一条腿，这感觉很痛苦。现在假设是别人喝醉了，去兜风，发生一起事故使你失去一条腿，那感觉会更痛苦——尽管客观上没有区别：你都失去了一条腿。背景对于评价来说很重要，因为人是社会动物。

这些对气候变化很重要。我们是把气候政策规划成为后代购买一个更好的气候，还是把问题概念化为我们给后代强加一个更差的气候，但作为回报提供给他们补偿？我们是把气候政策规划成富人给他们更加富有的后代购买一个更好的环境吗？或者是规划成富人强加给穷人的后代一个更差的气候吗？我们认为二氧化碳排放是生存必需的吗？或者是一种奢华放纵的生活方式吗？根据问题的设计不同，对气候变化影响的评价也不相同。

延伸阅读

任意一本环境经济学教科书都有评价方法这一部分。Garrod和Willes的 Economic Valuation of the Environment: Methods and Case Studies（2000）是一本很好的入门书，Braden和Kolstad的 Measuring the Demand for Environmental Quality （1991）设置了技术标准。Daniel Kahnemann的 Thinking，Fast and Slow （2011）是对上面这些材料的简单入门资料。

IDEAS/RePEc对这个主题有精选书目，参考网址：http://biblio.repec.org/entry/tbb.html。

练习

5.1 由于植被效应，气候变化会改变景观。你如何预测景观改变的价值？

5.2 通过极端天气和生态媒介的变化，气候变化将影响人类的健康。你如何预测人类死亡率和发病率变化的风险值？

5.3 气候变化将影响物种丰富度，并导致局部甚至全球物种灭绝。你如何预测生物多样性变化的价值？

5.4 预测未来气候变化影响的价值必须基于当前和过去的数据。你如何预测未来价值？

5.5 如果我们把政策问题表述成“为后代购买更好的环境”或“因气候变化补偿后代”，气候变化影响的评价有差别吗？

5.6 第4章第10节讨论了科斯定理及其在初始排放许可证分配上的应用。在讨论支付意愿与接受补偿意愿的差别时，需要重新考虑科斯定理吗？

5.7 阅读与讨论

- **L.M. Brander， P. van Beukering and H.S.J. Cesar （2007），‘The recreational value of coral reefs: A meta-analysis’， *Ecological Economics*， 63，

209 - 218.

- **W.K. Viscusi and J.E. Aldy (2003), 'The value of a statistical life: A critical review of market estimates throughout the world', *The Journal of Risk and Uncertainty*, 27 (1), 5 - 76.
- ***J.K. Horowitz and K.E. McConnell (2002), 'A review of WTA/WTP studies', *Journal of Environmental Economics and Management*, 44, 427 - 447.
- ***R. Brouwer (2000), 'Environmental value transfer: State of the art and future prospects', *Ecological Economics*, 32, 137 - 152.
- ****R.O. Mendelsohn, W.D. Nordhaus and D. Shaw (1994), 'The impact of climate change on agriculture: A Ricardian analysis', *American Economic Review*, 84, 753 - 771.
- ****K. Rehdanz and D.J. Maddison (2005), 'Climate and happiness', *Ecological Economics*, 52, 111 - 125.
- ****O. Deschenes and M. Greenstone (2011), 'Climate change, mortality, and adaptation: Evidence from annual fluctuations in weather in the US', *American Economic Journal: Applied Economics*, 3, 152 - 185.

注释

1 过去，研究人员对一个地理位置、问题和时期进行价值预测，不经调整，直接把它们应用在另一个地理位置、问题和时期。这是错误的。

2 有些人也眷恋停车场。

［第6章］

气候变化的影响

微博专栏

- 我们最好的评估是：全球变暖2.5度会让人平均感觉像是损失了0.9%的收入。
- 目前只有17个气候变化对经济总量影响的评估，对此我们有点失望。
- 气候变化最初是有益的，但这些是沉没收益。在全球变暖2.1度左右时，净影响变为负。
- 在全球变暖3度时气候变化不会停止，而对影响的研究却止步于此。除此之外的都是推测。
- 因为贫困国家往往天气更热且更加接近生物物理极限，所以更容易受到气候变化的伤害。
- 暴露在大气中的经济活动的份额较大是贫困国家更容易受到伤害的原因。
- 缺少手段、必要资金以及调整的政治意愿是贫困国家更容易受到伤害的原因。
- 由于贫穷意味着脆弱，因此，经济增长常常是减少气候变化影响的最佳方式。
- 社会碳成本是每减少一吨温室气体排放的效益。
- 社会碳成本是对理想的气候政策强度的一种评估。

- 社会碳成本由很多事情决定，因此有很多十分不同的评估。

6.1 关注气候变化的原因**

气候变化的影响多种多样。气候变化是有益还是有害、是大还是小的问题取决于行业、地理位置和时间。只是通过阅读第5章第2节，就已经让人困惑，更别提基于这一问题的更广泛的文献了。总的来说，评估气候变化是好事还是坏事以及相对于我们面对的其他问题是大还是小，都需要综合指标。

图6-1使用可替代的高水平指标，并与预测的气候变化对比。这些指标可替代，能够引起对气候变化持不同观点的人的注意。

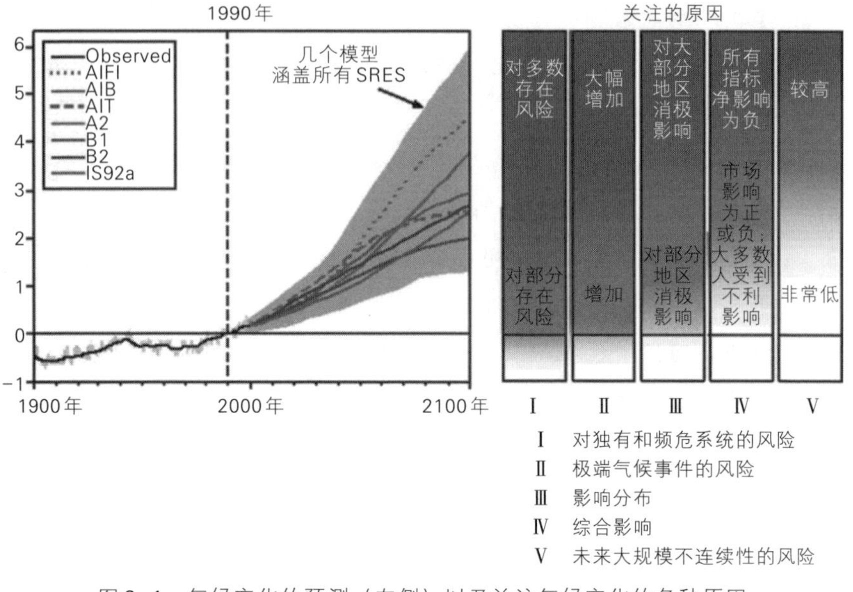

图6-1 气候变化的预测（左侧）以及关注气候变化的各种原因

Source：IPCC WG2 AR3.

有些人担心生态的唯一性和脆弱性，如环礁岛屿或蝴蝶。如果你十分偏好于此，那么气候变化就是一个大问题。随着气候变化，蝴蝶的局部灭绝已经被记录在案。许多蝴蝶很难跨越开放的空间，因此无法迁移。如果过去有限的气候变化已经引起了这类问题，本世纪更快速的气候变化一定会对此带来灾难性的（从这个角度看）影响。因此，严格的气候政策是合理的。

另一些人只关注气候变化的系统影响，例如，洋流的变化和极地冰盖的融化。如果你很倾向于此，那么气候政策可以延后。发生这些情景的概率是负的，并且我们并不知道温室气体减排会如何影响这些概率——甚至不知道它们是向上或是向下。

还有一些人关注气候变化对总体经济福利的影响，或福利分配的影响。这些关注在下面讨论。

6.2 对经济的全面影响**

图6-2显示了21个已公布的气候变化对经济综合影响的估算。我们可以这样解读这些数据：全球变暖2.5°C，会使人们感觉损失1.1%的收入（1.1%是图中在2.5°C时的9个点的平均值）。

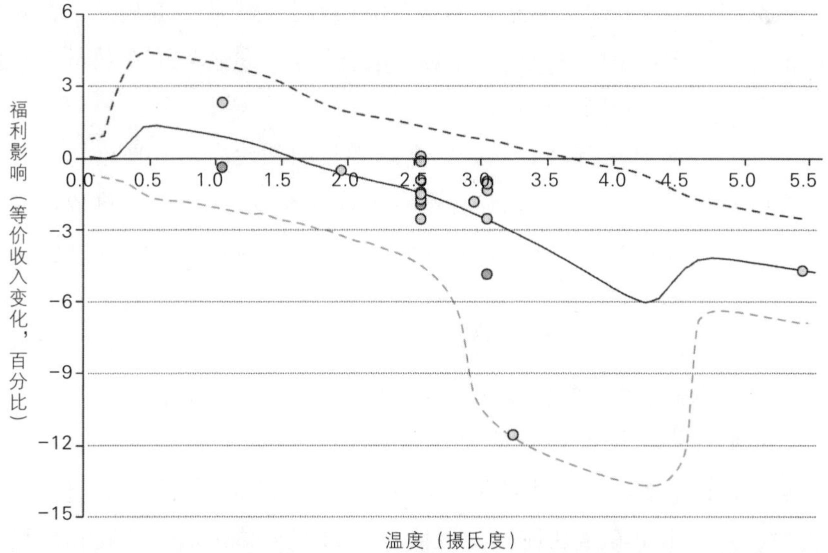

图6-2 用福利等价收入变化展示每年全球气候变化总影响

这些估算中，大部分是通过以下方式得出的。研究人员使用模型来预测气候变化对全球各区域的影响，估算这些影响的价值（要么使用市场价格，要么使用第5章描述的方法），把价格与数量相乘然后相加。这就是所谓的枚举法。

另一些估算涉及气候福利测算的回归。例如，农业土地价格反映土地的生产力，因此，气候的价值是可以让植物生长。这一统计方法的主要优点是它基于实际行为（而不是枚举法中的建模行为），主要缺点是用空间上的气候变量来获得时间上气候变化的影响。

然而，还有一些估算引用所谓的专家们的观点，或使用物理影响作为外生冲击变量运用可计算的一般均衡模型，并考虑所有市场相互作用得到福利评估。

图6–2包含了许多信息。然而只有21个评估，对任何结论来说这个基础都相当薄弱。声称气候变化是人类最大的（环境）问题是毫无根据的（也就是说，我们不知道这是否是真的）。

对2.5°C的9个评估显示，研究人员对净影响的符号不能达成一致。气候变化可能导致福利收益或福利损失。与此同时，在数量级上研究人员是相互认同的。气候变化引起的福利变化相当于由于收入变化几个百分点引起的福利变化。也就是说，一个世纪的气候变化的影响（在数量上）相当于一年的经济增长的好或坏。

仔细分析这21个评估，它表明全球变暖的初始净影响是正的，而进一步变暖则会导致净损失。但这并不意味着应该补贴温室气体排放。在图6–2中，总影响是在1°C与2°C之间变为负。更重要的是，在此之前，全球大约变暖0.5°C时增量的影响就变为负了。由于气候系统的缓慢运作和能源部门的较大惯性，全球变暖2°C可能无法避免，变暖1°C是一定不可能避免的。也就是说，气候变化的初始净收益是沉没收益。不管我们如何排放，我们都将获得这些收益。

然而，评估的不确定性是相当大的。图6–2的误差条型线描述了90%的置信区间。由于专家往往过于自信并且21个评估是从一群彼此相互了解的研究人员中得到的，因此这可能低估了真正的不确定性。

不确定性是右下倾斜的。在一个相类似的规模中，负面的影响比正面的影响更可能发生。对温室气体排放来说确实是如此：想象全球燃烧大量煤炭比想象全球迅速转换使用风能和太阳能更加容易。对气候本身来说也是如此：加速气候变化的反馈比抑制全球变暖的反馈更有可能。气候变化的影响大于线性增长：如果气候变化加倍，其影响大于两倍。很多人描绘了惨淡的气候变化的情景，没谁能令人信服地证明气候变化将使我们所有人幸福快乐。如此看来，上述结论需要重新阐释：一个世纪的气候变化与失去十年的经济增长差不多。

图6-2右侧末端也很有趣。全球变暖3.0°C，影响是负的，并不断加速恶化。全球变暖很可能超过3.0°C。然而，超过这一数值的估算很少，只有推断和猜测。

图6-2显示了21个气候变化全球平均影响的研究。图6-3也显示了气候变化对全球的平均影响。但这里只是单一研究，其结果表明影响是时间函数而不是温度函数，尽管它们的形状非常相似：最初，净影响是正的，但在21世纪后半段变为负的。图6-3还显示了影响最好的国家和影响最坏的（大陆）国家。[1]就像往常一样，平均隐藏了极端。影响最好的国家是加拿大（在这一特殊的模型、参数设定和情景中），这里很富有，组织有序并且相当寒冷。整个21世纪这里所受的影响都是正的，增量影响也是正的，因此没有减排的动机。所受影响最坏的国家是几内亚的比绍（在这一特殊的模型、参数设定和情景中），这里贫穷、动乱、地势较低、疾病流行并且相当热。其现在所受的影响已经是负的，虽然随经济增长负面影响有所改善，但随后将随着时间逐步恶化。

图6-4显示了同一模型的结果，但这是所有国家在2050年的情况。各个国家按人均收入（1995年）从低到高排名。在图6-3中，全球总的影响大约是零。在图6-4中，绝大多数国家的影响是负的。然而，世界经济集中于少数发达国家。图6-3的全球平均水平是以美元计算的，而不是以各国家货币计算，更不要说以人口计算了。

图6-4表明贫穷国家比富裕国家更易受到气候变化的伤害。也有一些例外，比如蒙古国，这里贫困但是寒冷，气候变暖会带来好处；又如新加

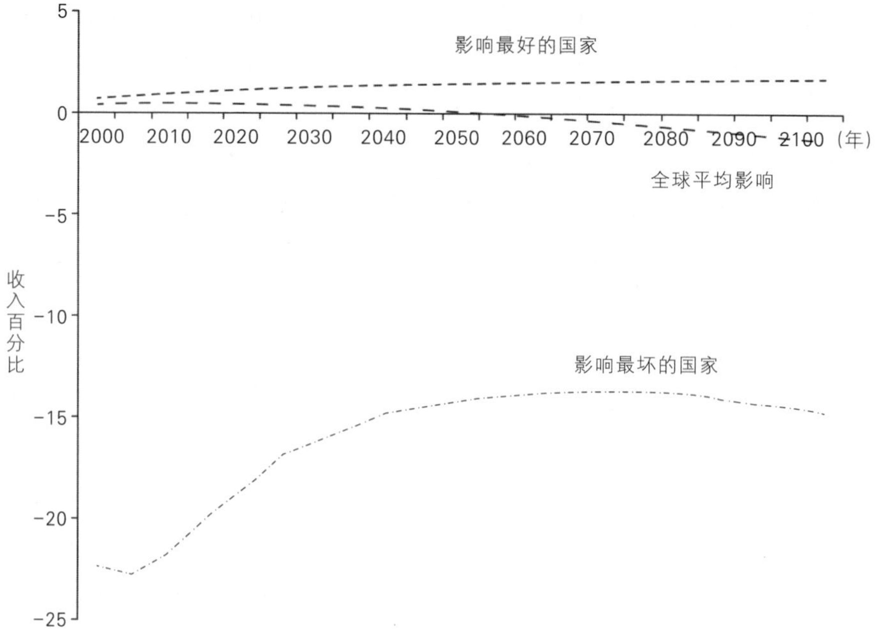

图6-3　气候变化的全球平均经济影响以及最好和最坏国家的经济影响

坡，这里富有，却是赤道上地势较低的岛国。但总的来说气候变化的负面影响主要集中在发展中国家。

原因有三。第一，贫困国家有更多的经济活动是在室外进行的。而富裕国家的经济活动中制造业和服务业占较大比例，这些行业通常（一定程度上）免受变幻莫测的天气影响，因此受气候变化的影响较小。相对于经济规模，贫困国家的农业和水资源更为重要。

第二，贫困国家在地理上往往是在天气较热的地方。这意味着生态系统更接近这些地区人们的生物物理上限，并且该上限没有可以效仿的人类行为和技术。英国未来的气候会变得像西班牙当前的气候。因此，英国人民会采用一些西班牙人民的习惯，并像西班牙人一样建筑他们的房子。如果地球上最热的地方变得更热，就没有例子可以模仿：必须发明新技术，必须通过试验和试错来调整行为。

第三，贫困国家往往适应能力有限。适应能力是调整改变的能力，它

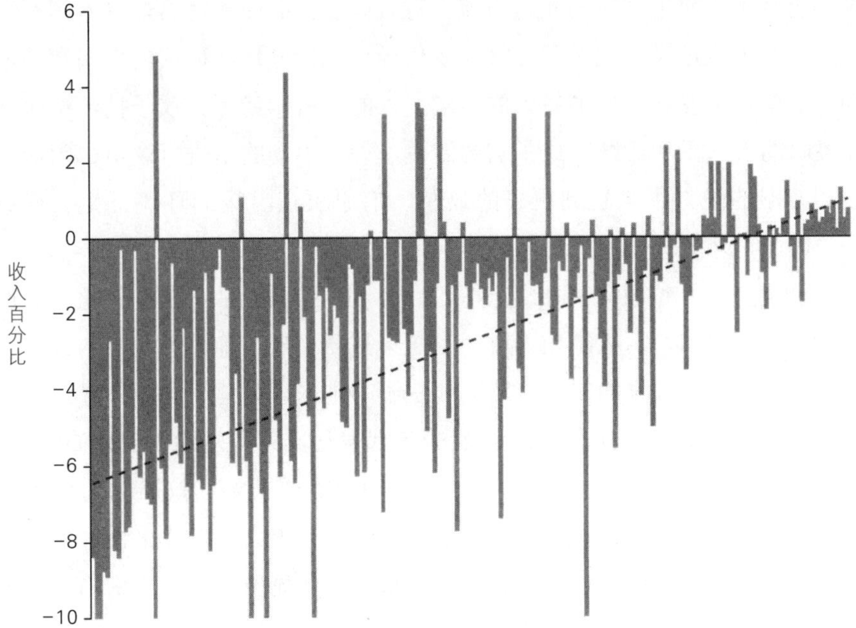

图6-4　2050年气候变化对所有国家的经济影响，以1995年人均收入排序

取决于一系列因素，如技术的有效性和支付这些技术的能力。如果你不知道堤坝，或者如果你知道但你没有建立堤坝的能力，那么海平面上升就是一个大问题。适应能力也取决于人力资本和社会资本。对预防投入的一盎司与对治疗投入的一英镑价值相当，但预防要求你能够在问题显现之前（即预测未来）识别问题并且有必要的知识以采取行动（即与政策执行相关的分析能力）。此外，当权者需要关心潜在的受害者。一个国家的精英们可能意识到气候变化的危害，有必要的资金防止最坏的影响，但是如果这些影响在政治上和经济上被边缘化，精英们可能会选择忽视这些影响。

6.3　影响与发展**

气候变化的影响在很大程度上取决于对气候变化的适应。适应受到适应能力的制约。适应能力的组成部分很大程度上与发展水平一致。因此，未来应对气候变化的脆弱性与当前应对气候变化的脆弱性将非常不同。

疟疾可能是最好的说明。气候变化导致大部分地区疟疾的发病率在增加。疟疾是由发病率增加最大的地区引入的。机制如下：蚊子携带疾病且在温暖的天气更加活跃，蚊子需要温暖、静止不动的水进行繁殖，因而温暖和潮湿的地方可以看到更多的蚊子，疟原虫在温暖的环境下生长得更快，因此全球变暖将引起更多的疟疾。

事实上，平均收入高于3 000美元/人/年的国家的人们不会死于疟疾(在本国感染此病)。机制如下所述。蚊子需要温暖、静止不动的水进行繁殖。首先，发达国家的湿地、路面和院子的排水以及建筑物屋顶导致小水坑的数量急剧下降。其次，20世纪50年代发达国家大规模地应用DDT杀死了很多蚊子。最后，疟原虫在生命周期中需要人类和蚊子共同作为宿主，如果人类对疟疾进行治疗，就不会生病，也不会具有传染性。如果人群中足够多的人服用抗疟疾药，那么结果是群体免疫。治疗疟疾的药一个疗程要花费几百美元，对贫困国家来说这是一笔巨款，而对富裕国家来说这只是一些零钱。因此，疟疾既是一种贫困疾病，又是一种气候疾病。

图6-5显示了对气候变化引起未来疟疾死亡人数的不同预测。标注为“气候变化”的曲线显示的是除了气候所有条件都保持不变的情况。气候变化引起的疟疾死亡人数从现在每年约75 000人增加到本世纪末的每年250 000人。遗憾的是，没有足够数量的疟疾记录能够证实该模型中预测的当前每年气候死亡人数是75 000人。事实上，对疟疾死亡人数的总估算最近从每年500 000人增加到每年1 000 000人。虚线表示疟疾模型的不确定性（即忽视未来温室气体排放或气候变化的不确定性）。在最高的情景中，增加了人口增长因素，疟疾人数如预期的那样到2100年增长到每年750 000人。这个情景被很多环保人士所引用。在第三个情景中，人均收入也在增加。感染疟疾人数先是上升，后又下降，并且在大约2085年疟疾被消灭（在这个特定模型、参数设定及情景中）。这个情景假设卫生保健和发展关系的全球模型也适用于疟疾。在另两个情景中，使用共产主义模式和非洲模式。定性来说结果都是一样的：在经济增长使疟疾人数下降之前，疟疾人数随天气变暖和人口增长而上升；在共产主义模型中，下降

得更早更快，在非洲模型中，下降得更晚更慢。这说明了极大的不确定性。由于疟疾集中在非洲，第三个情景过于乐观。最后一个情景增加了另一个复杂因素。它假设2020年之前疟疾疫苗将被研制出来（这一期限由比尔和梅琳达·盖茨基金会设定，第一个疫苗在2011年年底已经公布）。天花和小儿麻痹症疫苗接种运动大概用了20年。使用这个数据，人类将会在2040年消灭疟疾——不仅仅是气候变化引起的疟疾，而是所有的疟疾。

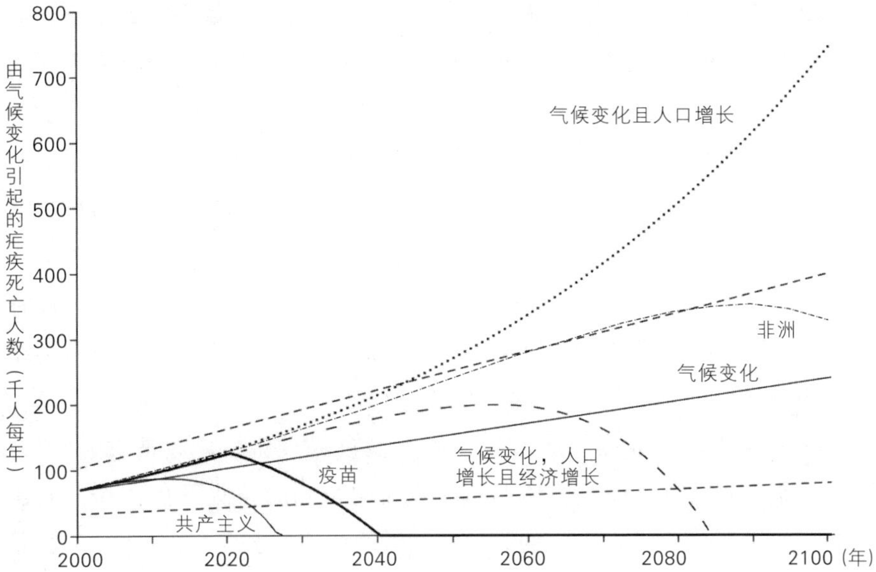

图6-5　不同情境下气候变化对疟疾的影响：只存在气候变化；气候变化且人口增长；气候变化、人口增长且经济增长；包括公共卫生支出的典型非洲国家；包括公共卫生支出的典型共产主义国家；以及发明疟疾疫苗

图6-5说明了气候变化的影响和发展之间的关系，以及这些关系的不确定性。同时也引出一个政策问题。疟疾是我们担心气候变化的原因之一。温室气体减排不一定是减少气候变化影响的最好方法。相反，可以将资本投资于医疗技术或公共卫生保健。我们将在第9章和第12章再回顾这

一问题。

6.4 对经济的边际影响**

以上讨论的重点是气候变化的总影响。从政策的角度来看，边际影响更为相关。这是因为最优气候政策（见第8章）要求温室气体减排的边际成本与边际效益相等（见第3章）。直观地说，气候变化是一个长期的全球性问题。一个政策制定者只能期望一点点地改变气候变化，其收益以边际衡量。

温室气体减排的边际影响是额外排放一吨温室气体——如二氧化碳——所产生的损失。它被称为边际损失成本以及社会碳成本（尽管我更喜欢在没有气候政策的情景下预测边际损失成本时使用这个词）。由排放的变化引起的货币化影响净现值的变化通过排放量进行标准化。由于对称性，增加排放的边际损失等于减少排放的边际效益。如果排放轨迹最优，那么社会碳成本等于庇古税：如果我们希望最大化当前净福利，那么应该提高温室气体排放的价格。因此，社会碳成本的预测告诉我们应该做什么，气候政策的密集度应该如何，以及能源价格应该增长多少。这是一个规范的概念。

对二氧化碳边际损失成本的预测有很多，最新核算数是759。乍一看，这很奇怪。图6-2显示了对气候变化总影响的预测只有17个。对总数的评估只有17个，而对它的一阶偏导数的估算怎么会有759个？答案是在一个特定情景中，对当前气候变化的总经济影响的比较的静态估计有17个。通过假设排放和气候变化的特定情景，假设一个发展和适应能力进化的情景，假设一侧是影响另一侧是气候和发展关系的函数形式，把图6-2中的静态结果变成动态结果。此外，通过时间、空间和情形（见第9章）对影响进行集成。这就引入了许多额外的自由度，从而解释了二氧化碳边际损失成本估算的剧增。

图6-6通过累积分布函数（CDF）对评估进行汇总。CDF表明，如果考虑所有公布的函数，边际损失成本有42%的概率小于200美元/吨碳，58%的概率大于200美元/吨碳。

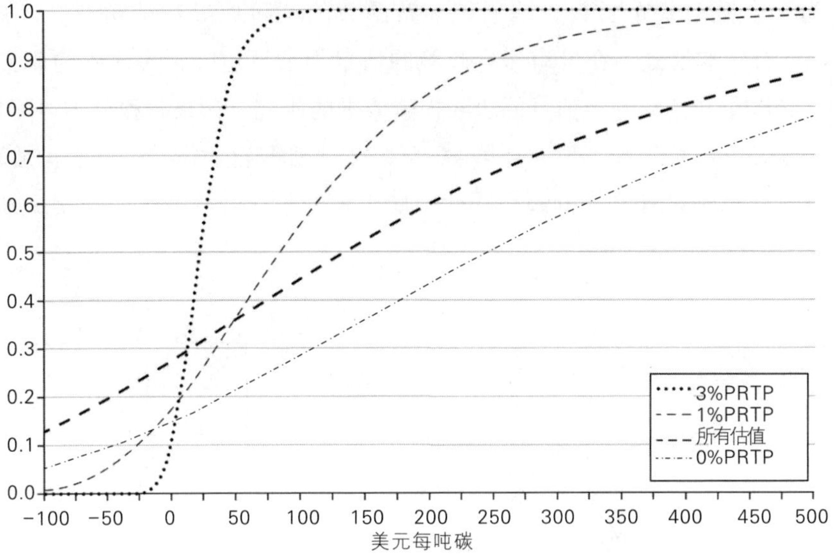

图6-6 所有已发表的研究及使用一个特定的纯时间偏好率的所有已发表研究中社会碳成本的累积分布函数

图6-6还说明了一个最重要参数：纯时间偏好率（PRTP）的影响力。PRTP是效用贴现率。它衡量的是为了以后而不是现在我们对未来的关注程度（见第9章）。将样本分为四部分：使用PRTP 0%、1%或3%的评估被显示出来，而其他的估算（仅少数）被忽略了。使用的贴现率越低，说明你越关注未来，越关注气候变化，边际损失成本越高。例如，3%的PRTP的中值估算是35美元/吨碳，1%的PRTP的中值是156美元/吨碳，0%的PRTP的中值是471美元/吨碳。

贴现率还有另一个影响。不是所有估算都真收敛于一个CDF，也就是说，碳排放税应该有大于1 000美元/吨碳的可能。这完全是由0%的PRTP的估算所驱动的。对于较高的贴现率，CDF迅速收敛。这意味着贴现率不仅贴现了气候变化的影响，而且也贴现了影响的不确定性。这很直观。我们展望更远的未来，不确定性越来越大。贴现率限制我们展望更远的未来，从而限制我们不得不面对的不确定性的程度。

图6-7显示的信息与图6-6（纯时间偏好率为3%）相同，但在这里

作为一个概率分布函数，即累积分布函数的一阶偏导数。图6-7将3% PRTP的样本划分为在没有气候政策的情景中估算边际损失成本的研究，和征收碳税并使其等于估算的边际损失成本的研究。如果碳税等于边际损失成本，它被称为庇古税（见第4章第2节）。如果征收碳税，那么排放和气候变化就不是什么大问题。因此，庇古税低于社会碳成本：34美元/吨碳对50美元/吨碳。

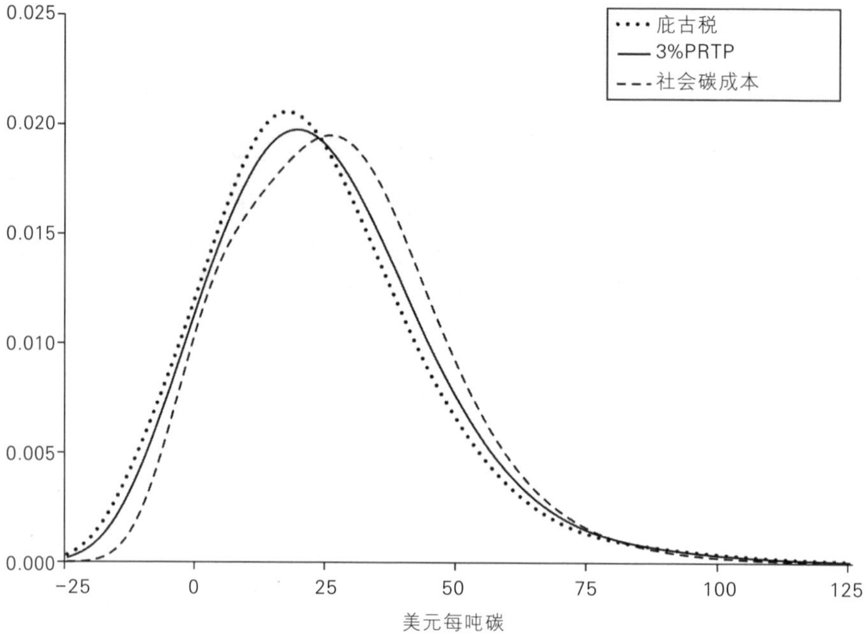

图6-7　使用3%的纯时间偏好率、社会碳成本和庇古税估算社会碳成本的概率密度函数

表6-1显示了一些特征。PRTP 3%，40美元/吨碳的碳价是合理的。PRTP1%，208美元/吨碳的碳价可以通过成本收益检验。

表6-1　二氧化碳排放的边际损失成本

	全部	3%	1%	0%	社会碳成本	庇古税
调试	91	27	87	240	31	24
中值	310	35	156	471	43	30
均值	422	40	208	590	50	34
标准偏差	688	36	285	685	38	32
偏度	2	1	2	2	1	1
峰度	13	4	8	11	4	5

6.5　对增长率的边际影响***

关于温室气体排放的边际损失成本随时间演化的研究有很多。图6-8显示了其结果的概率密度函数。如果我们选取所有的研究，则边际损失成本的平均增长率为每年2.3%，标准偏差为1.5%。如果我们选取所有假设无气候政策情景的研究，则社会碳成本的平均增长率为2.5%，标准差为1.8%。如果我们选取所有假设最佳情景的研究，则庇古税的平均增长率为2.1%，标准差为1.0%。

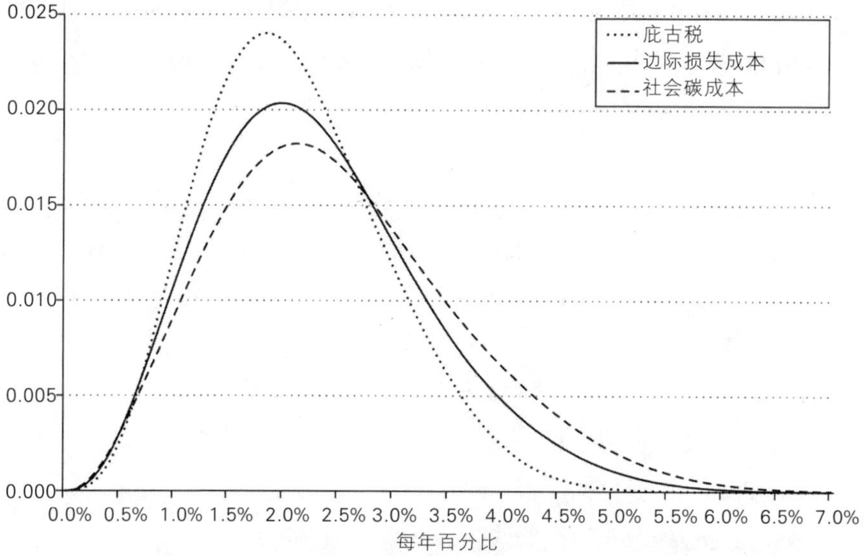

图6-8　边际损失成本、庇古税以及社会碳成本年增长率的概率密度函数

社会碳成本和庇古税增长的差别是因为从长远看气候政策会影响气候变化，但在短期内不会。因此，庇古税不仅低于社会碳成本（见图6-9），而且增长也更慢。

动态效率和动态成本效果有一个鲜明的对比。在后一种情况中，碳价的增长率大约比贴现率（见第4章第6节）高0.6%[2]。而在前一种情况中，碳价应该以每年2%的速率上升。

延伸阅读

政府间气候变化专门委员会的第二工作组每六年发布一次对气候变化影响的主要评估。这些评估信息按照几个层次发布：针对政策制定者的高信息强度摘要，具有更多细节的技术性摘要，以及针对大众的包含多个章节的有许多细节与文献信息的报告。这些报告可以在http：//www.ipcc.ch/上找到。

Samuel Fankhauser 的 Valuing Climate Change：The Economics of the Greenhouse（1995）仍旧是介绍气候变化对经济影响的最好的入门书。

IDEAS/RePEc对这个主题有精选书目，参考网址：http：//biblio.repec.org/entry/tdd.html。

练习

6.1　估算气候变化影响的统计方法使用了所谓的遍历性假设：它假设福利和气候之间关系的评估既随空间变化又随时间推移。想出三个反对遍历性假设的理由。

6.2　二氧化碳的边际损失成本在下列情况中将如何反应：

- 温室气体排放的增加。
- 传染病卫生保健的改善。
- 心血管疾病卫生保健的改善。
- 经济增长的提高。

6.3 假设你有1亿美元的预算，你想用这些钱来减少气候变化对贫困国家的影响。在对气候变化影响的减缓和适应中，你将如何分配这笔钱？

6.4 阅读与讨论

• **G.W. Yohe and R.S.J. Tol（2002），'Indicators for social and economic coping capacity - moving toward a working definition of adaptive capacity'，*Global Environmental Change*，12，25－40.

• **T.C. Schelling（2000），'Intergenerational and international discounting'，*Risk Analysis*，20（6），833－837.

• ***W.N. Adger（2006），'Vulnerability'，*Global Environmental Change*，16，268－281.

• ***R.S.J. Tol（2005），'Emission abatement versus development as strategies to reduce vulnerability to climate change：An application of FUND'，*Environment and Development Economics*，10（5），615－629.

• ****J.P. Berrens et al.（2006），'Information and effort in contingent valuation surveys：Application to global climate change using national Internet samples'，*Journal of Environmental Economics and Management*，47，331－363.

• ****W.K. Viscusi and R.J. Zeckhauser（2006），'The perception and valuation of the risks of climate change：A rational and behavioral blend'，*Climatic Change*，77，151－177.

注释

1 一些岛屿国家的境况更糟。

2 100年里平均的大气退化状况。

[第7章]

气候与发展

微博专栏

- 气候变化通过影响生产力、劳动力和折旧来影响经济增长。
- 负面影响会减缓经济增长。间接影响与直接影响的规模相同。
- 增加消费、减少投资以及进一步减缓增长是对这些影响的理性应对方式。
- 天气炎热时，贫困的国家经济增长更加缓慢。非洲经济的缓慢增长可能是由于降水量长期下降引起的。
- 有人说气候和地理主宰着经济，也有人说气候和地理不重要。
- 气候可能会通过影响婴儿死亡率等方式使人们陷于贫困之中。

7.1 增长模型**

第6章讨论了气候变化的静态影响：给定一个特定的经济发展水平，气候变化的影响将是什么？然而，气候变化也会影响经济增长和发展。

气候变化从四个方面影响福利，其中三个对经济增长有影响。气候变化可能直接影响效用。例如，气候变化可能导致物种灭绝。如果这个物种有存在价值并且只有存在的价值，那么效用将会下降，但经济不受影响。

气候变化通过改变死亡率影响劳动力规模，或通过改变发病率影响劳动生产率。这将影响总产出，进而影响投资和未来产出。气候变化也会影响生产力，这些影响可以是直接的。例如，如果天气变得更炎热、更干燥，那么就可能会抑制农作物的生长；极端天气也可能妨碍交通；在炎热潮湿的气候中体力劳动更加困难。这些影响也可以是间接的。例如，气候变化将会增加对空调的需求，从而改变供给的构成，向相对非生产性部门（发电）倾斜。因为生产力改变，所以投资和产出也发生变化。最后，气候变化还会影响资本折旧。例如，更加频繁的洪水会冲走桥梁、道路和建筑物，这意味着资本减少，因而投资和产出也就减少，同样也意味着更多的投资用于重置资本，更少的投资用于扩大资本存量。

因此，如果气候变化的静态影响是负的，那么对经济增长的影响也是负的。校准模型表明，在21世纪的进程中，气候变化对福利的间接影响——由于经济增长放缓使得收入减少——与气候变化对福利的直接影响规模类似。

以上假定的是人们和企业应对气候变化时不调整自己的储蓄和投资。如果储蓄率上升，较低的产出并不一定意味着较低的投资。甚至正相反，储蓄率下降是对产出减少的反应。首先，对一个固定的储蓄率，产出减少意味着消费减少。提高储蓄率也意味着减少消费。其次，如果因为气候变化产出长期不断地减少，那么投资的回报也如此。因此最优储蓄率下降。

校准模型的确表明，使用内源性储蓄利率，经济增长进一步减缓——即使只是轻微的。

模型还表明如果经济增长更大程度上是内生的（对这个模型），那么气候变化对经济增长的影响更大。在规范化索洛模型中，25%的经济增长用资本积累来解释（在此模型中），75%的经济增长用技术进步来解释（在此模型中）。如果技术进步包含在模型中——使之成为所谓的新增长模式——那么正如对实体资本的投资，对研发和人力资本的投资也会下降。结果是经济增长更进一步地减缓。

实证研究表明，20世纪降雨量的下降在一定程度上解释了撒哈拉以南非洲的经济增长比其他发展中地区更缓慢。20世纪下半叶，异常炎热的天气在农业和工业领域都减缓了贫困国家的经济增长。

7.2　自然灾害***

自然灾害对经济有很多影响。当灾难发生时，经济活动被中断并且投入要素被破坏。一些灾害，如洪水和风暴，尤其会影响实体资本。另一些灾害，如流行病，主要是影响劳动力。经济活动的中断能够在GDP中显示出来。但是，资本的破坏无法显示。

灾难发生后，经济会经历复苏。埋葬死亡、清除碎片并且重建房屋和道路，这些都是经济活动，从而有助于GDP的增长。

因此，自然灾害巧妙地说明了巴斯夏（Bastiat）的破窗理论：资本存量的破坏不能用GDP衡量。资本存量的修复创造GDP。因此，单纯看GDP的增长率可能让人得出这样的结论：自然灾害对短期经济的增长有好处。而实际并非如此，自然灾害刺激经济活动，但自然灾害没有改善福利。GDP是用来衡量经济活动的，但它并不是一个福利指标。

自然灾害对商业周期不同阶段的影响也不同。在经济衰退期间，损失投入要素不是什么问题，因为，本来就存在产能过剩。经济复苏阶段是一种凯恩斯经济刺激。在繁荣阶段，产能吃紧且损失的投入不能很容易地被替代。经济复苏带来的需求刺激可能会推高通货膨胀而不是产出。

自然灾害对不同经济体也有不同影响。经济复苏需要资源。在发达国家，经济复苏是由来自家庭和公司的储备保险，以及来自政府或商业银行的新增贷款支付的。而在发展中国家，这些来源的贡献是有限的，复苏依赖于非正式网络和慈善机构的支持。因此自然灾害后的复苏较慢，有时发展中国家的复苏比发达国家的复苏要慢很多。

经济复苏是将被破坏的生产资料用新的替代。尽管初始反应是把东西复原得“完全一样”，事实上替代品通常更好：新机器的技术一流，新建筑的设计更好，等等。从长远看这并没有加快经济增长：无论如何资本存量都会被替换。自然灾害只是迫使经济主体考虑替代投资的时机。首选的是可自由支配的时机。

因此，短期内自然灾害对经济的影响是复杂的，但净影响很可能为负。长远来看也是如此。如果存在自然灾害的风险，资源将转移到保护措施之下，这种保护措施可以是金融的（如保险），也可以是实物的（如堤坝）。如果风险是零，这些资源可用于消费或对生产性资产进行投资。

自然灾害影响的实证证据是复杂的，部分原因是上面提到的监测误差——GDP不是一个好的指标但被最广泛地报道，部分原因是内生性问题——更富裕的社会能更好地保护自己免受自然灾害。有证据表明，自然灾害不成比例地影响贫困国家的经济增长率。

7.3 贫困陷阱**

贫困现象集中在热带和亚热带地区。图7-1显示了大多数国家在9个不同时间点的生活水平标准——用购买力评价衡量人均收入。纵观历史，似乎寒冷和炎热的国家处于不利地位。随着时间的推移，世界经济的重心从中东和地中海地区转移到更凉爽的地方，但热带国家一直是最贫困的。寒冷的国家似乎比炎热的国家（除了拥有大量石油和天然气的）更早地克服了它们的劣势。

虽然相关性是显而易见的，但因果关系是有争议的。一些人认为，气候和地理是主宰，这在几个世纪以前是一个非常流行的理论。当前贾雷德·戴蒙德（Jared Diamond）是这一假说的主要支持者。另一些人，包括杰弗里·萨克斯（Jeffrey Sachs）认为气候和地理是发展（下）的贡献因素，有影响但不占主导地位。然而，其他人包括达龙·阿西莫格鲁（Daron Acemoglu）认为，气候和地理在过去形成制度（教育、法治等）方面很重要，但这些制度只是解释了当前的发展模式。还有一些人，包括威廉·伊斯特利（William Easterly）认为制度是唯一重要的因素。

两种极端的情况——气候和地理是唯一重要的或者一点也不重要——都不能绝对地站住脚。比较伊斯帕尼奥拉岛（Hispaniola）和韩国所在的半岛，很容易就驳回了戴蒙德的假说。阿西莫格鲁的立场——气候曾经是

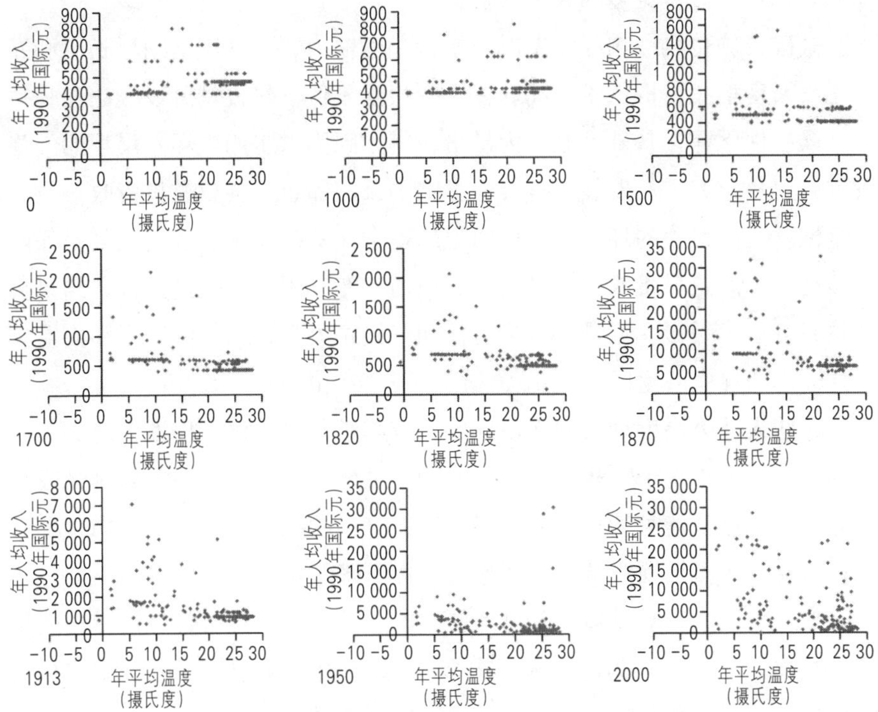

图7-1　在0、1000、1500、1700、1820、1870、1913、1950以及2000年随温度变化的生活水平

一个因素但现在不是——也是不被支持的。气候毋庸置疑地影响着农业、能源、健康和旅游。这也证明了伊斯特利的“对人类唯一重要的是另一些人类”的假说是错误的。问题不是气候是否决定而是在多大程度上决定发展的模式。难道气候是人们陷于贫困概率的影响因素？

疟疾和腹泻等疾病损害儿童的认知和身体发育，这导致了他们以后生活贫困，进而保护自己的孩子免受这些疾病的方法也十分有限。此外，较高的婴儿死亡率可能促使父母生育许多孩子，并且厌恶风险的父母生育的孩子比他们真正想要的还多，结果是对孩子们健康和教育的投资分散并且很少，因而孩子们长大后生活贫困的可能性更高。在气候温暖和湿润的地区，传染病更加致命和流行。气候变化会提高新生儿及儿童的死亡率和发病率，从而导致更多的人陷入贫困。

基础设施也会影响经济发展。旅行和运输为贸易（李嘉图增长）和专业化（斯密增长）提供了空间。在一些气候条件下建设基础设施比在另一些气候条件下建设基础设施更为昂贵，例如因为洪水的破坏对堤坝的维修投入会更多。灾难对发展也有其他影响。家庭和企业会权衡投资收益及其安全性。在高风险的环境中，低回报的安全性资产将是首选，尤其是保险或多样化资产是昂贵的或不可用的——通常在贫困国家就是这样。结果会导致经济增长缓慢。但是，气候变化和气候相关灾害与气候变化和人造灾害（如暴力冲突）之间的关系仍然没有一个定论。

一些人认为高度动荡的环境导致盛宴与饥荒的文化。理性应对失去一切的风险，无论是干旱还是战争，的确可以好好享受所剩的美好时光或是满怀希望度过低迷时期。如果投资是毫无意义的态度变得根深蒂固，那么人们可能会缓慢地摆脱贫困，即使波动性下降了。

总之，气候影响发展，并可能使人陷入贫困。其结果是气候变化的影响可能比人们通常认为的要大（很多）。当这种积累超过一个世纪或更久时，增长率很小和一点也不增长对福利的影响差别也很大。

有限的实证表明炎热和潮湿的条件以及降雨量变化很大程度上会减少贫穷国家（但不是炎热国家）的经济长期增长，增加贫穷的概率。

延伸阅读

IDEAS/RePEc对这个主题有精选书目，参考网址：http：//biblio.repec.org/entry/tde.html。

练习

7.1 构造一个单部门、封闭经济的索洛增长模型，假设一个包括劳动力和资本的柯布-道格拉斯生产函数。假设资本存量在其稳定状态值（要么通过不做任何改变在模型中运行100年，要么求解分析稳态解）。反

过来，假设气候变化

- 降低全要素生产率10%
- 增加折旧10%
- 减少劳动力供给10%

对1年后，10年后，100年后的人均消费有什么影响？

7.2　阅读与讨论

- **W. Easterly and R. Levine（2003），'Tropics，germs and crops：How endowments influence economic development'，*Journal of Monetary Economics*，50，3–39.
- **S. Barrios，L. Bertinelli and E. Strobl（2011），'Trends in rainfall and economic growth in Africa：A neglected cause of the African growth tragedy'，*Review of Economics and Statistics*，92，350–366.
- ***S. Fankhauser and R.S.J. Tol（2005），'On climate change and growth'，*Resource and Energy Economics*，27，1 - 17.
- ***D. Acemoglu，S. Johnson and J.A. Robinson（2001），'The colonial origins of comparative development：An empirical investigation'，*American Economic Review*，91，1369–1401.
- ****M. Dell，B.F. Jones and B.A. Olken（2012），'Temperature shocks and economic growth：Evidence from the last half century'，*American Economic Journal：Macroeconomics*，4（3），66–95.
- ****D.E. Bloom，D. Canning and J. Sevilla（2003），'Geography and poverty traps'，*Journal of Economic Growth*，8，355–378.
- ****O. Galor and D.N. Weil（1996），'The gender gap，fertility and growth'，*American Economic Review*，86，374–387.

[第8章]

最优化气候政策

微博专栏

- 联合国气候变化框架公约第二条号召稳定大气中的二氧化碳浓度。
- 部分二氧化碳排放会永久停留在大气中——或者更确切地说，对其进行消除的速度犹如岩石的增长速度。
- 因此，稳定的大气二氧化碳浓度意味着二氧化碳排放量必须为零。
- 在社会最优状态下，一个政策的边际成本净现值等于其边际收益净现值。
- 完成减排的边际成本很高，消除所有的碳排放非常困难。
- 完成减排的增量效益很小。一点点的气候变化几乎没有什么损害。
- 将温室气体排放减为零并非最佳，因此，稳定二氧化碳浓度也并非最优状态。
- 对减排成本和收益的估算告诉我们，最佳的减排举措就是适度减排。
- 然而所有可信的研究一致认为初始减排应该是缓慢的，并且从长期来看不要超过100%。
- “适度”努力的程度在中期内对于大量的假设都非常敏感。

- 如果有一种完美的、永久的化石燃料替代品，且价格合理，那么100%的减少排放是合情合理的。

8.1　终极目标**

几乎所有国家都认可联合国气候变化框架公约（UNFCCC）第二条，其陈述如下：

……的终极目标是实现……，大气中温室气体浓度稳定在一个水平将避免人为干扰气候系统的风险。这一水平应该通过足以让生态系统适应自然，足以确保粮食生产不受威胁，足以使经济发展以可持续的方式进行的时间框架来实现。

任何人都可以从这段话的第二句得到想要的东西，这相当于在一张白纸上画大饼。有吸引力但无关痛痒的语言成就了伟大的外交：每个人都可以签署。第一句似乎也是类似的性质。怎么会有人反对避免（除非未指明）风险呢？然而，“稳定”这个词简直是无关痛痒。

让我们考虑一个简单的储量模型：

$$S_t = (1-\delta)S_{t-1} + E_{t-1} \tag{8-1}$$

S_t是t时刻的储量，E是排放量，δ是降解率。等式（8-1）是一阶差分方程。它描述了一个几何过程。

“稳定”要求储量不变：$S_t = S_{t-1}$。那么：

$$S = (1-\delta)S + E \Leftrightarrow \delta S = E \Leftrightarrow S = \frac{E}{\delta} \tag{8-2}$$

也就是说，如果排放稳定——$E_t = E_{t-1}$，那么浓度也稳定在一个与大气中排放降解率成反比例的水平。在这种情况下，浓度稳定意味着排放在任意水平上稳定。（框架公约的）第二条似乎是无价值的。

图1-6描述了碳循环的传统模型。从大气中消除二氧化碳的方式有很多。其中之一是岩石的风化作用，这是一个非常缓慢的过程。从数学上看，最好认为大气中的二氧化碳由5个独立的储量组成。

$$S_t = \sum_{i=1}^{5} S_{i,t} \tag{8-3}$$

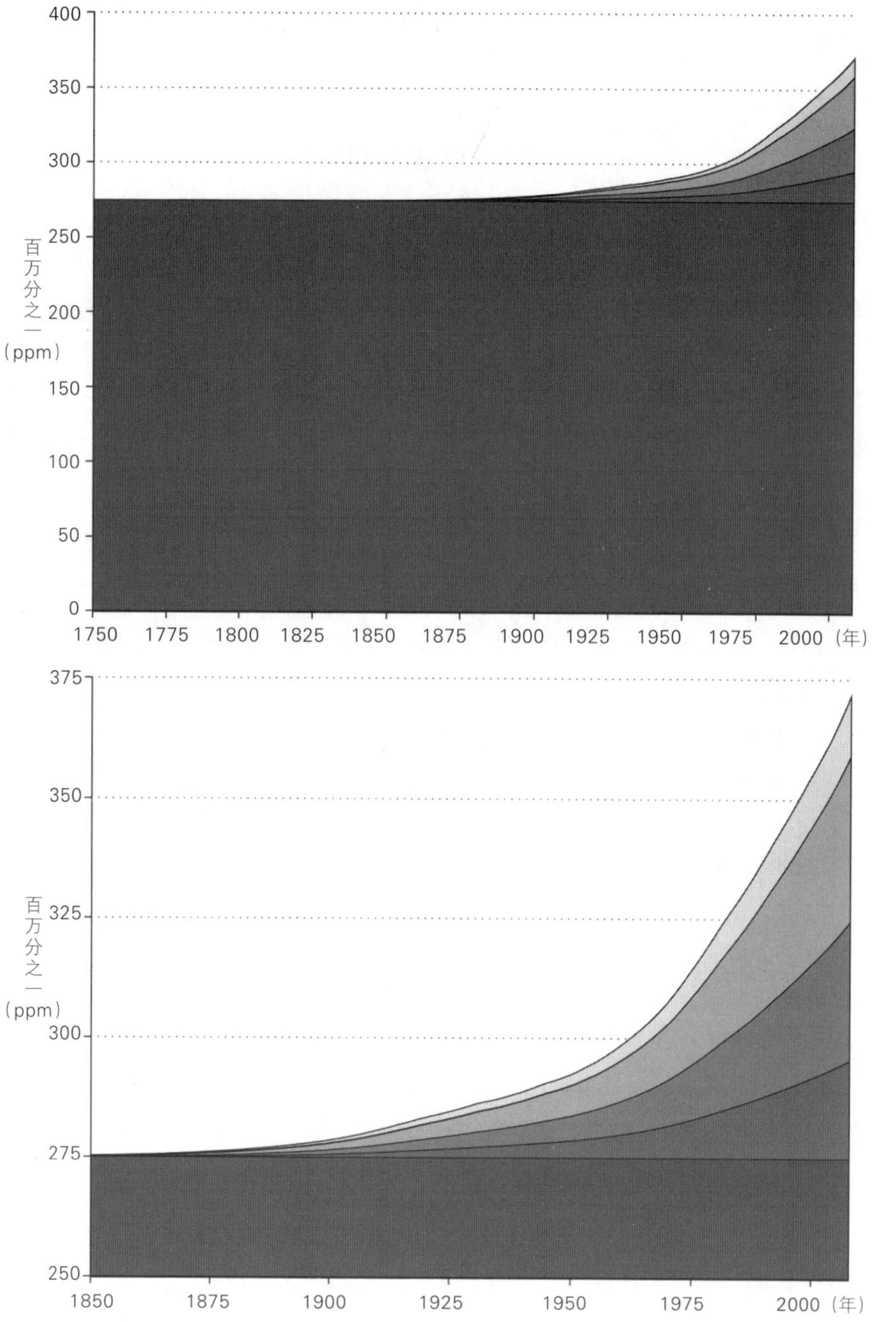

图8-1 大气二氧化碳浓度（颜色越深，浓度越持久；下图是上图的局部放大）

$$S_{i,t}=(1-\delta_i)S_{i,t-1}+\alpha_i E_{t-1}\;;\quad \sum_{i=1}^{5}\alpha_i=1 \tag{8-4}$$

那么大气稳定要求这5个子浓度中每一个都稳定。然而，这5个组成要素中任何一个的降解都是以地质时期为时间尺度的地质作用过程。在人类时间尺度上根本不存在降解：$\delta_i=0$，$i=5$。也就是说 $\alpha_i=0.13$，即排放的二氧化碳中的13%永久留在大气中。图8-1通过展示过去的二氧化碳排放对此进行说明。黑色代表了二氧化碳基础浓度，略浅的灰色是大气中增加的“恒存碳”浓度。较浅色调代表二氧化碳浓度最终将自行消失的部分。图8-2针对未来排放对此情景进行再现。实线是实际的浓度，虚线是“恒存碳”的部分。

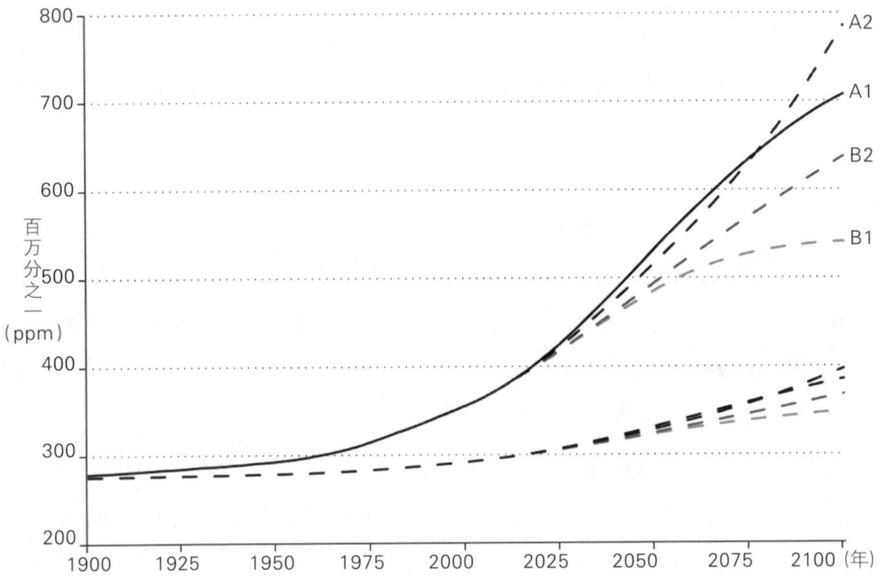

图8-2　四个SRES情景下的大气二氧化碳浓度：虚线显示了浓度中的永久部分

排放的持久性引出了一个问题。在等式（8-2）中，稳定的浓度与降解率成反比，被零除是不可能的。但是有一个解决方案是 $\delta=0$ 。如果 $E=0$ ，浓度稳定。

联合国气候变化框架公约第二条的第一句不是空洞的。实际上，它是激进的。稳定的大气二氧化碳浓度要求排放减少到零。几乎所有国家的法律义务都是100%减少它们的排放。

没有证据显示起草第二条的人意识到了这一点。签署联合国气候变化框架公约的人可能也没有意识到这一含义。事实上，从长远看政客们经常指的是一个减排80%的目标，更环保的人选择减排90%的目标。国际法宣称的则是减排100%的目标。

8.2 成本收益分析*

成本收益分析试图找到最佳的行动方针。如果选择是有限的，那么我们必须评估每个选择项的成本和收益。在评估后，我们应该放弃成本比收益大的选项，剩下的选择按照成本收益比进行排序。一直到花光预算，你都应该资助收益成本比最高的选项。你可以借钱来资助（一些）其余的项目。

如果行动连续统一，那么成本收益分析的工作方法会有不同。例如，碳税可以采取任何值（即使政客倾向于整数）。在这种情况下，成本收益分析寻求最大化目标函数——净收益，或收益减去成本。通过求导得出最大值。一阶条件是，净收益对控制变量的一阶偏导数等于零。重新整理后，得出边际收益应该等于边际成本。

图8-3、图8-4和图8-5通过图形描述了这个结论。图8-3显示了排放的总收益。总收益开始时随着排放的增加而增加，稍后下降。如果没有下降，其最优状态应是无限排放。这很直观：我们把房屋温度控制在一个舒适的水平，但不会超出这一水平，因为过热会很不舒服并且耗费金钱。我们到我们需要去的地方旅行，但不超出这个地方，因为那样会浪费时间和金钱。个人的最优排放量是曲线的最大值。这一点的曲线斜率——边际收益——为零。这也是图8-3所显示的。

图8-4介绍了排放的总损失。排放越多，损失越大。图8-4还显示了净收益，也就是总收益减去总损失。与总收益一样，净收益也是随着排放先增加后减少。净收益有一个最大值，但在总收益最大值的左边。

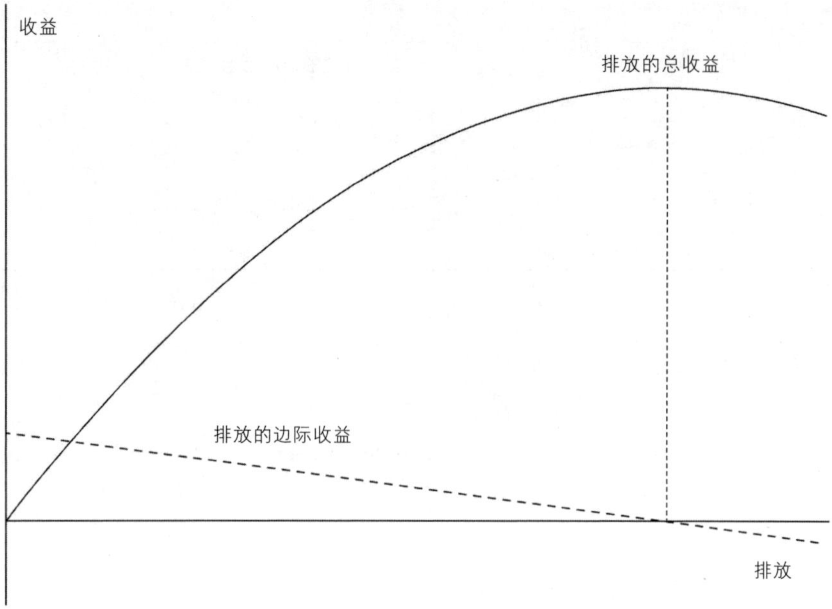

图8-3　不存在外部成本的最优排放

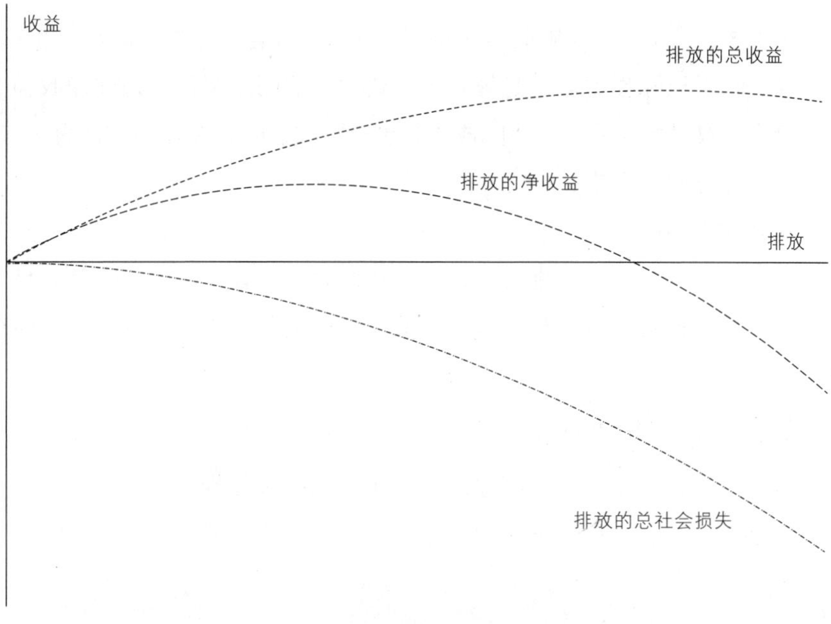

图8-4　排放的成本和收益

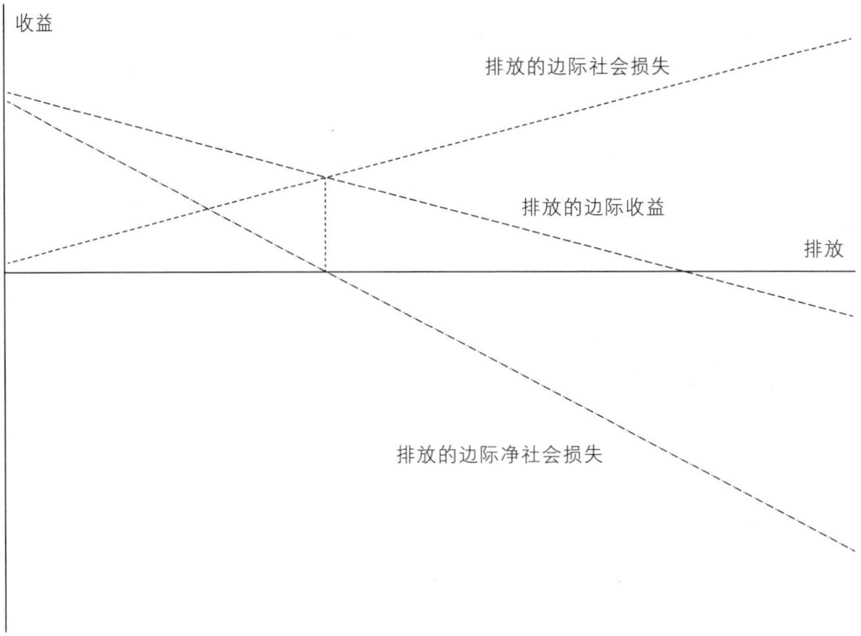

图8-5　存在外部成本的最优排放

图8-5显示了图8-4中曲线的斜率，或边际收益和损失。注意，在x轴上已经反映了边际损失。这是等式另一边代数的图形等价。边际净收益为零时净收益取得最大值。当边际成本等于边际收益时，边际净收益为零。

在计算方面，考虑：

$$\max_{E} G = D(E) - B(E) \tag{8-5}$$

W表示净收益，E是排放，D是排放的损失，B是排放的收益。排放是控制变量。也就是说，我们选择排放以便最大化净收益。那么，一阶条件是：

$$\frac{\partial G}{\partial E} = 0 \Leftrightarrow \frac{\partial D}{\partial E} - \frac{\partial B}{\partial E} = 0 \Leftrightarrow \frac{\partial D}{\partial E} = \frac{\partial B}{\partial E} \tag{8-6}$$

也就是说，排放的边际收益应该等于排放的边际损失。

然而，气候变化是一个动态的问题。因此，我们需要重写等式（8-5）：

$$\max_{E_0,E_1,\ldots}\sum_t \frac{G_t}{(1+r)^t}=\sum_t \frac{D_t(E_t,E_{t-1},\ldots,E_0)-B_t(E_t)}{(1+r)^t} \tag{8-7}$$

r是贴现率。也就是说，我们最大化的是收益的净现值而不是净收益。为简单起见，我们假设排放收益是即时的：t时刻的效益只取决于t时刻的排放；相比之下，排放的损失取决于之前所有时期的排放。

最大化问题在结构上是不同的：排放水平需要在每一个相同的时点上做选择，而不是选择等式（8-6）的排放水平。因此有许多种一阶条件：

$$\sum_s \frac{1\partial D_{t+s}}{(1+r)^s\partial E_t}=\frac{\partial B_t}{\partial E_t}\forall t \tag{8-8}$$

即，在每一个时间点上，排放的边际收益应该等于排放边际损失的净现值。

也就是说图8-5同时说明了等式（8-6）和等式（8-8）：成本和（净现值）收益在边际上（同时在每一个时间点）应该相等。

图8-5还从成本收益分析中展示了两个基本观点。第一，如果排放产生损失，那么最好减少排放。事实上，由于最初的减排部分收益相对较高，因而成本相对较低。因此，成本收益分析主张超越象征性减排的行动。第二，最终的减排部分由于收益相对较低，因而成本相对较高。因此，成本收益分析很少要求完全消除排放。

将结论应用到气候变化中，我们可以少量降低温室气体排放而不产生太多麻烦。能源利用经常是伴随浪费或是不良刺激引起的结果。消除所有排放会引起混乱。大多数二氧化碳的应用途径虽然在技术上可行，但成本昂贵，因此，并非所有应用都具备商业化的条件（如用于太空旅行和军队）。替代能源在小规模应用时相对便宜，但大规模应用时要贵得多。光伏发电板可以安装在屋顶上（也就是空间的机会成本为零），但屋顶的空间是有限的。小规模风能发电可以很容易地接入电力网络，但当风能超过一定百分比时，就必须加强电网的强度、峰谷调节能力和频率调控等。

反之亦然，不受控制的气候变化会造成很大的损失，因此，初始减排带来大量收益。然而，随着气候变化进一步减少，这些收益会下降。将全球变暖程度从每世纪升高0.1°C减少到升高0.01°C获得的收益很少。

因此，成本收益分析不建议100%减少排放。然而，国际法要求100%减少排放。

8.3　最优减排的评估**

第3章介绍了对减少温室气体排放边际成本的评估，第6章介绍了对边际收益的评估。我们通过粗略的比较就会发现虽然可以合理地减排，但不能够大幅削减排放。

图8-6和图8-7证明了这一观点。它显示了DICE模型（气候和经济的动态综合模型）的结果，该模型由耶鲁大学的威廉·诺德豪斯（William Nordhaus）开发。图8-6显示了最大化全球福利的碳税及相应的排放控制率。图8-7显示了相对应的大气中二氧化碳的浓度。

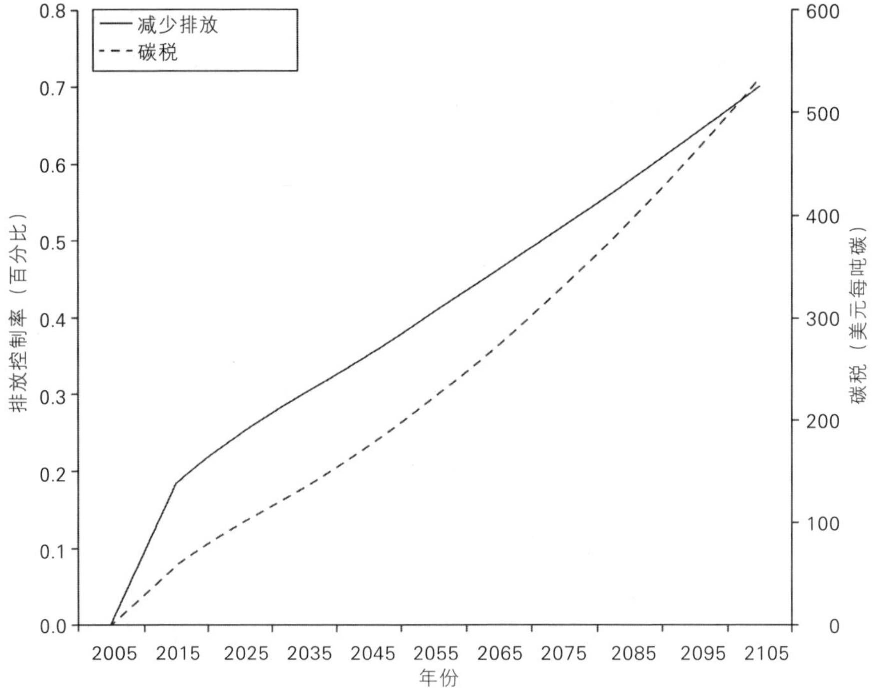

图8-6　最优排放控制和碳税

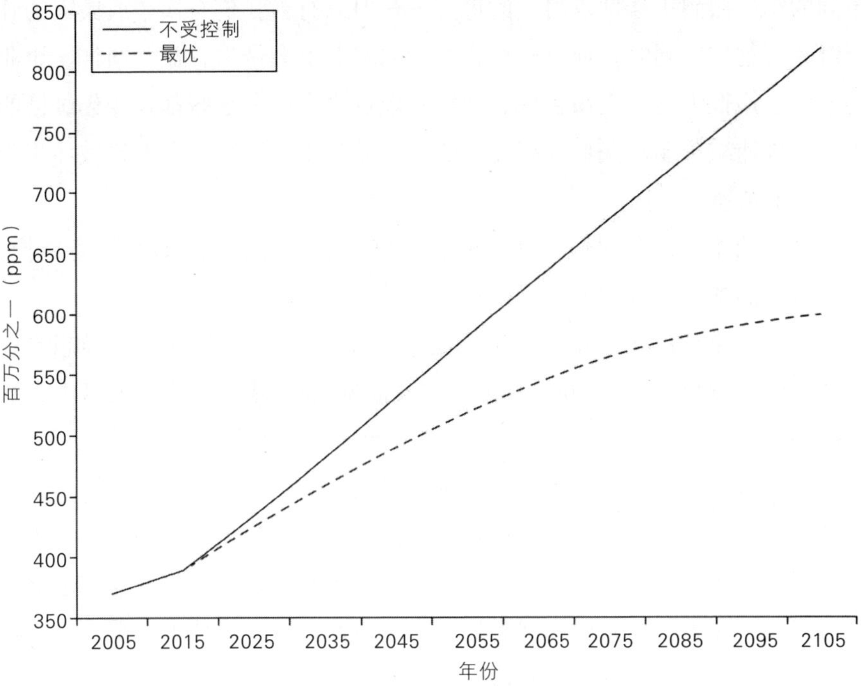

图8-7　最优的和不受控制的二氧化碳浓度

从本质上讲，DICE模型回答了“如果世界由一个仁慈的、贤明的女王独裁统治，她会怎么做？”的问题。答案是初始时少量减排，后来增加一些强度，但不足以稳定二氧化碳浓度。

当然，这一结果取决于DICE模型中的许多假设。这些假设是不确定的，有些是有争议的。诺德豪斯在1991年首次发表该基本结论。这一结果在当时令人震惊，并且直到现在也令人困扰，因此，许多研究人员试图推翻该结论。

自1991年以来出现了以下结果。结论的第一部分是稳健的。无论你做什么假设或是你构造模型及问题的方式如何，短期内的减排都应该适度。让我们假定选择碳税作为气候政策工具。碳税是为了改变行为，但是，我们关于能源使用的行为相当一部分是固定的。对于家庭，能源使用取决于我们住的房子、开的车、工作或上学的地方。碳税可能促使我们买不同的车或搬到工作地点附近的地方——但只有当我们有换车或搬家的计划时才会这样。同时，征收碳税会增加成本而不会带来收益。同样，企业的能源使用很大程度上由机械、建筑和地点决定——这些都是变化缓慢的事物。快速减排要求我们放弃完好的耐用品及生产资料。资本的破坏将产生很大的成本。

结论的第二部分对假设非常敏感。根据不同的模型参数和模型结构，气候政策的加速实施取值范围很大。

但是，结论的第三部分也很稳健。正如8.3节所讨论的，很难想象一个成本收益分析会主张100%减排，以及需要100%减排来稳定大气中二氧化碳的浓度。

这里有一个例外。如果存在一种支撑技术——碳中性能源来源十分丰富使得其供给曲线是水平的，并且经济是滞后的，也就是说如果没有积极政策干预，经济不会放弃碳中性状态，那么成本收益分析将认为完全减排是合理的。如果社会碳成本高到足以引发普及这种支撑技术，那么经济将义无反顾地脱碳。但是，这些假设条件是非常重要的。

8.4 温室气体之间的权衡****

最优减排的一阶条件是将温室气体排放的边际成本减少到与其边际收益相等。如果二氧化碳是唯一的温室气体，一阶条件为其排放确定了一个价格。事实上，有很多种温室气体，每种都有其一阶条件及自身价格。

相对于考虑所有温室气体的绝对价格，考虑二氧化碳的绝对价格（见章节3.2和6.5），以及所有其他温室气体的相对价格更为合适。

让我们用 MD_0 表示二氧化碳排放的边际损失：

$$\begin{aligned} MD_0 &= \sum_t \frac{1}{(1+r)^t}\frac{\partial D_t}{\partial E_0} = \sum_t \frac{1}{(1+r)^t}\frac{\partial D_t}{\partial T_t}\frac{\partial T_t}{\partial E_0} \\ &= \sum_t \frac{1}{(1+r)^t}\frac{\partial D_t}{\partial T_t}\sum_s \frac{\partial T_t}{\partial F_{t-s}}\frac{\partial F_{t-s}}{\partial C_{0,t-s}}\frac{\partial C_{0,t-s}}{\partial E_0} \end{aligned} \tag{8-9}$$

右侧的第一部分如上所示，与等式（8-8）进行比较。第二部分确定气候变化的影响不是直接取决于排放 E，而是取决于气候变化 T。第三部分也是最后一部分显表示 t 时刻的气候变化 T 取决于前期的辐射强迫 F，反过来 F 取决于浓度 C 和排放 E。

那么，温室气体 i 的相对价格就是 MD_0。

$$\frac{MD_i}{MD_0}=\frac{\sum_t \frac{1}{(1+r)^t}\frac{\partial D_t}{\partial T_t}\sum_s \frac{\partial T_t}{\partial F_{t-s}}\frac{\partial F_{t-s}}{\partial C_{i,t-s}}\frac{\partial C_{i,t-s}}{\partial E_i}}{\sum_t \frac{1}{(1+r)^t}\frac{\partial D_t}{\partial T_t}\sum_s \frac{\partial T_t}{\partial F_{t-s}}\frac{\partial F_{t-s}}{\partial C_{0,t-s}}\frac{\partial C_{0,t-s}}{\partial E_0}} \tag{8-10}$$

等式（8-10）的分子和分母有几个共同的元素——特别是贴现率和损失函数，这表明温室气体 i 的相对价格的不确定性小于其绝对价格的不确定性。

等式（8-10）中存在大量假设。可以设置贴现率为零：$r=0$。可以认为气候变化的影响与温度成正比：$\partial D_t/\partial T_t=\alpha$。那么：

$$\frac{MD_i}{MD_0}=\frac{\sum_t\sum_s \frac{\partial T_t}{\partial F_{t-s}}\frac{\partial F_{t-s}}{\partial C_{i,t-s}}\frac{\partial C_{i,t-s}}{\partial E_i}}{\sum_t\sum_s \frac{\partial T_t}{\partial F_{t-s}}\frac{\partial F_{t-s}}{\partial C_{0,t-s}}\frac{\partial C_{0,t-s}}{\partial E_0}} \tag{8-11}$$

可以假设气候变化与辐射强迫成正比：$\partial T_t/\partial F_s=\beta$。可以更进一步假设浓度不变。最后，可以忽略 $t=H$ 以后的影响。那么：

$$\frac{MD_i}{MD_0}=\frac{\sum_{t=0}^{H}\frac{\partial F_t}{\partial C_i}\frac{\partial C_i}{\partial E_i}}{\sum_{t=0}^{H}\frac{\partial F_t}{\partial C_0}\frac{\partial C_0}{\partial E_0}} \tag{8-12}$$

从等式（8-10）到等式（8-12）的假设似乎很严格：不贴现、影响线性、气候变化线性、浓度恒定、时间范围有限。等式（8-12）被称为全球潜在变暖（Global Warming Potential）。联合国气候变化框架公约的《京都议定书》规定温室气体的相对价格以等式（8-12）（使用2001年约定的参数值）为基础。因此，《京都议定书》使温室气体的相对价格失真。

《京都议定书》还引入了一个内部矛盾。等式（8-10）给出了最优相对价格。等式（8-12）是等式（8-10）的一个特例，因此其仍然基于成本收益推论。联合国气候变化框架公约及其《京都议定书》明确地驳回了这样的推论。相反，设置目标应该尽可能满足成本最低原则。这是一个成本效率分析，而不是成本收益分析。

对单一气体，成本效率排放轨迹由下式给出：

$$\min_{E_{0,0},E_{0,1},\ldots}\sum_t B_t(1+r)^{-t} s.t. \quad T_H \leq \bar{T} \tag{8-13}$$

一阶条件是：

$$\frac{\partial B_t}{\partial E_{0,t}}(1+r)^{-t}=\lambda\frac{\partial T_H}{\partial E_{0,t}} \quad \forall t \tag{8-14}$$

也就是说，当前减排的边际成本（左侧）等于跨期约束的影子价格 λ 乘以满足该约束的边际贡献。

对于多种气体，一阶条件相似。有一个额外的指数来表示各种气体。约束条件随时间推移并在气体间共享。

那么温室气体排放的相对价格为：

$$\frac{\dfrac{\partial B_t}{\partial E_{i,t}}}{\dfrac{\partial B_t}{\partial E_{0,t}}}=\frac{\lambda\dfrac{\partial T_H}{\partial E_{i,t}}(1+r)^t}{\lambda\dfrac{\partial T_H}{\partial E_{0,t}}(1+r)^t}=\frac{\dfrac{\partial T_H}{\partial E_{i,t}}}{\dfrac{\partial T_H}{\partial E_{0,t}}} \quad \forall i,t \tag{8-15}$$

也就是说，减排边际成本的成本效益率等于约束的边际贡献率。

等式（8-15）与等式（8-12）和（8-10）非常不同。后两者随着时间的推移积分，而前者是在约束影响的时间瞬时发生。生命周期较短的气体的不同之处最为明显。例如，甲烷具有十年左右的大气半衰期，而二氧化碳在大气中停留几十年或几百年。因此，减少甲烷排放在短期内有助于减少气候变化——这可能被视为高贴现率的一个实质利益，但长远来看不会减少气候变化。因此成本收益分析赞同现在就减少甲烷排放，而成本效益分析不赞同现在就减少甲烷排放。

延伸阅读

William Nordhaus的Managing the Global Commons：Economics of Climate Change（1994），Nordhaus 和 Joseph Boyer 的 Warming and the World：Economic Models of Global Warming（2000），以及 Nordhaus的A Question of Balance：Weighing the Options on Global Warming Policies

（2008）设置了分析最优气候政策的标准。

IDEAS/RePEc对这个主题有精选书目，参考网址：http：//biblio.repec.org/entry/tdf.html。

练习

8.1　欧盟认为二氧化碳浓度不应超过450ppm。计算全球的排放预算。如果约束只在长期进行控制，计算全球的排放预算。（提示：可以在https：//sites.google.com/site/climateconomics/ mliam under MLIAM01上找到过去的排放量和一个简单的碳循环模型）

8.2　在DICE模型中，诺德豪斯认为气候变化的影响与$0.28T^2$成正比，其中T是全球平均地表空气温度（单位是摄氏度，与前工业时代的差别）。如果影响函数被$-4.33T+1.92T^2$（如Tol所建议）或$-0.348T^2+0.0109T^6$（如Weitzman所建议）所替代，最优气候政策会怎么样？（提示：可以在https：//sites.google.com/site/climateconomics/data/08- optimal-climate-policy under DICE2007上找到该模型代码）

8.3　在DICE模型中，诺德豪斯认为有一种技术支持可以在一个固定成本下提供无碳能源。在标准模型中，成本设置在2005年为1 260美元/tC（并且随时间推移下降）。如果把其设置在630美元/tC或2 520美元/tC，最优气候政策会怎么样？（提示：可以在https：//sites.google.com/site/climateconomics/data/08-optimal-climate-policy under DICE2007上找到该模型代码）

8.4　阅读与讨论

- **T.C. Schelling（1995），'Intergenerational discounting'，*Energy Policy*，23（4/5），395-401.
- **T.C. Schelling（2000），'Intergenerational and international discounting'，*Risk Analysis*，20（6），833-837.
- **T.M.L.Wigley，R.G. Richels and J.A. Edmonds（1996），'Economic and environmental choices in the stabilization of atmospheric CO_2'，

Nature, 379, 240–243.

• ***R.S.J. Tol (2005), 'Emission abatement versus development as strategies to reduce vulnerability to climate change: an application of FUND', *Environment and Development Economics*, 10, 615–629.

• ***L.H. Goulder and K. Mathai (2000), 'Optimal CO_2 abatement in the presence of induced technological change', *Journal of Environmental Economics and Management*, 39, 1–18.

• ****D. Burtraw et al. (2003), 'Ancillary benefits of reduced air pollution in the US from moderate greenhouse gas mitigation policies in the electricity sector', *Journal of Environmental Economics and Management*, 45, 650–673.

• ****N.H. Stern (2008), 'The economics of climate change', *American Economic Review*, 98, 1–37.

[第9章]

贴现，权益，不确定性

微博专栏

- 如果你关心不确定的未来、远方的土地，以及遥远的可能性，那么说明你在乎气候变化。
- 我们对未来贴现是因为我们没有耐心，并且我们期望变得更富有和更快乐。
- 拉姆齐规则有三个组成要素：纯时间偏好、消费增长及其转化的效用增长。
- 拉姆齐规则将消费者的贴现率描述为与处于均衡状态的资本市场的利率相等。
- 随着贴现率下降，气候变化影响的总净现值和边际净现值都急剧上升。
- 将货币化的影响加起来是不对的，因为对一个贫穷的女人与一个富裕的女人来说，一美元的意义是不同的。
- 权益权重修正了这一点，给贫困国家所受影响更大的权重，但是保持其价值的真实性。
- 权益权重倾向于增加全球影响，因为贫困国家往往更容易受到气候变化的影响。
- 使用平均货币化的影响是不对的，因为情景越严重对效用的影响越大。

- 风险溢价修正了这一点，给低概率、高影响的情景更大的权重。
- 风险溢价往往是积极的，因为气候变化的风险偏向坏的结果。
- 福利函数可以基于道德因素或实证证据，但在政策上应该是一致的。
- 道德福利函数是非民主的。实证证据是相互矛盾并且难以解释的。

9.1 时间贴现：拉姆齐规则的引入***

气候变化是一个长期的、全球的、不确定的问题。如果你不关心遥远的未来、远方的土地，以及遥远的可能性，那么你几乎不在意气候变化。

消费贴现率 r 是一种跨时间权衡。消费贴现率是一个比率，使你对现在减少消费换得以后增加消费持有中立性评价，或使你对现在增加消费使得以后减少消费持有中立性评价。

因此，消费贴现率是一种变化率：$(X(t)-X(0))/X(0)$处于现在（t=0）和稍后的时间 t 之间。这是一个变化率，不是消费 C，而是消费的变化 dC。因此消费贴现率被定义为：

$$e^{rt}=\frac{\mathrm{d}C_t}{\mathrm{d}C_0}\Leftrightarrow e^{rt}\mathrm{d}C_0=\mathrm{d}C_t\Leftrightarrow \mathrm{d}C_0=e^{-rt}\mathrm{d}C_t \tag{9-1}$$

如果我们设置 $\mathrm{d}C_t=1$，那么很显然 e^{-rt} 是折现系数：未来获得的货币的现值。

等式（9-1）是不完整的，因为它忽略了中立的要求。也就是福利的净现值 W 不受消费从现在到以后转变的影响。或者（大约是）$W(C_0, C_1, \ldots, C_{t-1}, C_t, C_{t+1}, \ldots)=W(C_0+\mathrm{d}C_0, C_1, \ldots, C_{t-1}, C_t-\mathrm{d}C, C_{t+1}, \ldots)$。实际上，应该在边际保持这一条件，也就是全导数应该等于零。

如果我们假设福利净现值函数如下：

$$W=\int_t U(C_t)e^{-\rho t}\mathrm{d}t \tag{9-2}$$

U 是即时效用，ρ是效用的贴现率，那么条件是：

$$dW=\frac{\partial U}{\partial C_0}dC_0-e^{-\rho t}\frac{\partial U}{\partial C_t}dC_t=0\Leftrightarrow\frac{\partial U}{\partial C_0}dC_0=e^{-\rho t}\frac{\partial U}{\partial C_t}dC_t\Leftrightarrow\frac{dC_t}{dC_0}=e^{\rho t}\frac{U_{C_0}}{U_{C_t}} \tag{9-3}$$

这里下标表示一阶偏导数。合并等式（9-1）和等式（9-3）：

$$e^{rt}=e^{\rho t}\frac{U_{C_0}}{U_{C_t}} \tag{9-4}$$

假设即时效用是一个不变的相对风险厌恶率η：

$$U=\frac{C^{1-\eta}}{1-\eta} \tag{9-5}$$

所以，$U_C=C^{-\eta}$，并定义$C_t=e^{gt}C_0$，我们得到：

$$e^{rt}=e^{\rho t}\frac{C_0^{-\eta}}{e^{-\eta gt}C_0^{-\eta}}=e^{\rho t+\eta gt} \tag{9-6}$$

等式（9-6）被称为拉姆齐规则，剑桥大学的弗兰克·拉姆齐（Frank Ramsey）教授于1928年发表了上述变量推导。

9.2　时间贴现**

气候变化是一个长期的、全球的、不确定的问题。如果你不关心遥远的未来、远方的土地以及遥远的可能性，那么你几乎不在意气候变化。

拉姆齐规则认为消费贴现率r由三部分组成：

$$r=\rho+\eta g \tag{9-7}$$

第一，我们对未来贴现是因为我们期望更加富有（g）。事实上，从当前相对贫穷的自己向以后相对富裕的自己转账没有什么意义。预期增长得越快，贴现率越高。第二，评价“相对贫困”与“相对富裕”取决于效用函数的曲率，通常被称为风险厌恶（η）。g和η一起构成了效用的增长率。拉姆齐规则的这一部分基本上不存在争议。

第三部分是有争议的。人们对未来贴现是为了将来。这由纯时间偏好率（ρ）表示，其也称为效用贴现率。哲学家和宗教领袖一直坚持认为我们不应该区别对待未来和现在。也就是说ρ=0。然而人们确实对其区别对待。所有实证证据都表明人们缺少耐心。观察到的消费贴现率通常超过消费的增长率，修正了风险厌恶率。

拉姆齐规则从个人角度描述了消费贴现率。如果经济处于动态平衡，消费贴现率等于利率，即货币在资本市场上的价格。如果利率高于消费贴现率，银行为你的储蓄支付给你的，比你认为储蓄应有的价值更多。储蓄会增加，资本的价格（即利率）会随着投资供给的增加而下降。反之亦然，如果利率低，储蓄会减少，并且投资率会上升。

9.3 降低贴现率***

等式（9–2）反映的标准折现系数是指数。这是因为指数的（或几何学的）贴现确保了时间的一致性：时间的流逝不会改变我们的决定。这很容易看出来。假设时间 s 流逝，重新检验基于最大化等式（9–2）的福利函数的决定，我们将净现值乘以 $e^{-\rho s}$，那么跨期交易的一阶条件变为：

$$U'_s e^{-\rho s} = U'_{s+t} e^{-\rho(s+t)} = U'_{s+t} e^{-\rho s} e^{-\rho t} \Leftrightarrow U'_s = U'_{s+t} e^{-\rho t} \tag{9-8}$$

也就是说，从等式中消除了 $e^{-\rho s}$，这并不影响行为。换句话说，时间一致性意味着跨期交易是由流逝的时间的效益和成本决定的，而不是由已经实现的效益和成本决定的。

指数贴现意味着时间一致性很容易呈现。反过来也一样，时间一致性意味着指数贴现。这很难证实，此处可忽略。

时间一致性是一个理想的特性。尽管指数贴现有不合常理的影响。10年和11年的相对差异与100年和101年、1 000年和1 001年的相对差异相同。在等式（9–8）中，s（初始时间）是无关紧要的，只有 t（流逝的时间）很重要。

直观地说，你也许会争辩10年和11年的相对差异更像100年和110年、1 000年和1 100年之间的相对差异。这一直观感觉通过行为数据、实验数据和调查数据得到支撑。观察到的折现系数是双曲线的而不是几何的。也就是说，随着时间范围的扩大，折现率呈现下降趋势。

如果不确定用什么样的贴现率，或者如果我们不能达成一致，那么贴现率也会下降。这也由等式（9–8）可知，并且如表9–1所示。一阶条件由折现系数而不是贴现率决定。假设我们不确定贴现率，有50%的机会是1%，有50%的机会是7%。表9–1显示了相应的折现系数。显然，用一个很高的贴现率，遥远未来的收益很小；用较低的贴现率，遥远未来的收益才有更高的价值。

表9–1　　折现系数和确定性等价贴现率

t	1 000美元t年后的价值				确定性等价贴现率
	1%	4%	7%	1%或7%	
1	990美元	961美元	932美元	961美元	3.9%
10	905美元	670美元	497美元	701美元	3.1%
100	368美元	18美元	1美元	184美元	1.0%

表9–1还显示了贴现率为4%（1%和7%的平均值）的折现系数，以及贴现率为1%和7%的平均折现系数。前者总是小于后者（詹森不等式）并且我们的观察时段越长，差距越大。通过反向平均折现系数对此进一步说明，这产生了确定性等价贴现率。确定性等价贴现率始终小于平均贴现率，并且我们观察的时段越长，差距越大。

表9–1给出了一个数值的例子，但确定性等价贴现率总是随时间下降。直观的解释如下：假设1%和7%反映了分歧，一个人为其中一个辩护而其他人为另一个辩护。二者对短期内的跨期交易都有一个观点，并且平均值反映了两个观点。然而，从长远看，高贴现率的人是中立的，而低贴现率的人不是中立的，因此后者的观点占主导地位。

同样的推理也适用于不确定性贴现率。在世界的一个地方，你对长远的未来漠不关心；在世界的另一个地方，你并非如此。后者占主导地位。因此，贴现率随着我们观察的时段更长而下降。

这并不意味着时间不一致。回到拉姆齐规则（等式（9–7）），货币贴现率可能下降，因为我们对未来的经济增长不确定。时间一致性要求效用以恒定速率贴现。同样，观察时间偏好不是为了效用，货币的双曲线贴现与效用的指数贴现是一致的。

9.4 跨期福利的公理化方法****

等式（9–2）给出了一个跨期福利函数。这是一个常见的方法——在这种情况下让我们假定折现系数成指数下降。通常情况下，和一些关于假定函数的合理属性一致，这种假设也是合理的。然而，正确的方法是先假定理想的属性（称为公理），然后从中获得福利函数。

如果福利函数是用来评估无限长时间的福利，则它不能同时满足匿名定理和强帕累托最优。两个定理都是理想的。强帕累托定理也称为帕累托最优：如果没有一个人变坏，并且至少有一个机构变好，那么情况A优于情况B。[1]这显然是一个理想的属性。

匿名性意味着福利函数应该对是这个机构还是另一个机构获得等价数量的问题是中立的。这显然是一个理想的属性，但如果也实行强帕累托，它就不能被实现。

跨期决策通常被概念化为一系列世代之间的权衡。一代人按特定顺序到达。那么匿名就是一个奇怪的要求。放弃匿名性得到一个函数：

$$W = \int_t U(C_t)D(t)\mathrm{d}t,\ \frac{\partial D}{\partial t} < 0 \tag{9–9}$$

注意，折现系数是时间的某个下降函数，而不是等式（9–2）中使用的指数下降函数。

等式（9–2）和（9–9）违背匿名性。考虑以下瞬时福利系列{1，2，1，1，1，…}和{1，1，2，1，1，…}。匿名性将意味着在两种情况之间保持中立。贴现福利更倾向于前者。

等式（9–2）和（9–9）确实满足强帕累托：

$$\frac{\partial W}{\partial U(C_t)} > 0 \quad \forall t \tag{9–10}$$

跨期福利的公理化方法可以追溯到20世纪60年代诺贝尔经济学奖得主佳林·库普曼斯（Tjalling Koopmans）的著作。尽管库普曼斯对仅仅因为是未来而对未来贴现表示不安——他显然更喜欢等式（9–6）中的 $\rho=0$——他的分析显示了贴现是不可避免的。

库普曼斯的成果必然遵循他的公理。其他公理会导致不同的跨期福利函数。格雷希拉·齐齐尔尼斯基（Graciela Chichilnisky）将公理的匿名性换为公理的独立性和非专政统治。弗朗西斯科·阿尔瓦雷斯–夸德拉多（Francisco Alvarez-Cuadrado）和吴云龙（Ngo Van Long）放弃了独立性。

净现值福利标准违背了公理对当前非专政统治的要求。从本质上讲，如果我们使用等式（9–9）为整个未来绘制一个最优路线，那么我们是让当前这代人的偏好决定后代的政策选择。世界正是如此，但它可能并不应该如此。

存在一个福利标准，其满足强帕累托的同时也满足当前和最贫困国家非专政统治的公理：

$$W=\vartheta\int_t U(C_t)D(t)\mathrm{d}t+(1-\vartheta)U(\underline{C}) \tag{9–11}$$

这个福利标准被称为Bentham-Rawls（边沁-罗尔斯）福利准则，标准福利净现值的加权和是边沁福利准则的组成部分，最不富裕一代的效用是罗尔斯福利准则的组成部分。如果 $\vartheta=1$，福利由当前一代人的关心决定；如果 $\vartheta=0$，最贫穷的一代决定产出（直到其不再是最贫穷的）。当 $0<\vartheta<1$ 时，既不是当前一代也不是最贫穷一代决定结果——除非当前一代就是最贫穷的一代。这个公式表明了当前一代牺牲后代致富的代价。

9.5　权益**

气候变化的影响在国与国之间差异很大，尤其是贫困国家，它们往往是最易受到伤害的。第6章涉及的研究估算了每个国家或地区所受的影响，并将结果以美元为单位相加，得到全球总影响。这是错误的，且这个错误在1995年政府间气候变化专门委员会第三工作组第二个评估报告最后阶段的准备工作中愈加明显，特别是根据全国平均支付意愿来评估健康风险这点。因为通过支付意愿降低健康风险受到支付能力的限制，所以贫困国家的健康风险与富裕国家的健康风险相比被认为不是那么严重。换句话说，相对于穷人的死亡，我们更加关心富人的死亡。

为解决这个道德难题，两个方案被提了出来。第一种方案是对于气候变化等全球化问题使用全球平均值。但是，这不可操作。如果孟加拉国政府使用全球平均支付意愿为其气候政策降低健康风险，但使用全国平均水平管理洪水，那么它将会使本国资源从洪水防御转移到温室气体减排。如果英国政府对气候政策使用全球平均水平，而对洪水管理使用全国平均水平，那么其资源将会从气候问题转移到洪水问题。这不是解决方案。

第二种方案是使用权益权重。美元的加总问题主要是一美元对于一个贫穷的女人来说和对于一个富有的女人来说是不一样的。权益权重对此进行纠正，其形式为：

$$D_W = \sum_c \frac{1}{W_M} \frac{\partial W}{\partial U_c} \frac{\partial U_c}{\partial D_c} D_c \tag{9-12}$$

全球损失 D_W 是各国损失 D_c 的加权和。权重有三个构成要素。第一，货币化损失 D_c 通过乘以边际效用转化为效用。从技术上讲，边际效用是从货币空间转换到效用空间的雅可比行列式。一阶偏导数像一个以效用单位做分子、货币单位做分母的比率。因此边际效用的单位是单位美元的效用。

权益权重的第二个构成要素是另一个雅可比行列式，将国家效用转换为全球福利。第三个构成要素是标准化。我们把损失从货币转换成效用，从效用转换成福利。但是，全球损失用货币表示。因此标准化用单位福利的美元数表示，正如等式（9-12）中的 W_M 。它考虑的是全球预算约束略有放松的情况，比如火星人出现，给了我们一个美元，而且这一意外收益理想地分布在世界各地的人口中。从其权益中立这个意义上说这种标准化是恰当的。

如果我们假设效用函数显示的风险厌恶相对比率是一个常数，并且全球福利是各国效用的简单加总——也就是说在一个效用的福利函数中，我们不在乎效用的分布，尽管效用函数的曲率显示我们确实在乎收入的分配——那么等式（9-8）变为：

$$D_W = \sum_c (\frac{y_W}{y_c})^\eta D_c \tag{9-13}$$

y_c是全国平均人均收入，y_W是全球平均人均收入，η是风险厌恶率。等式（9-13）更加直观。低于平均收入的国家的损失获得更大的权重。权重随着效用函数弯曲的程度而增加。如果效用收入是线性，η=0，那么全球损失是各国损失的简单加总。也就是说，第6章的研究做了特殊的风险中立的假设。

考虑到合理性，权益权重可以说明全球平均值：

$$D_W = \sum_c (\frac{y_W}{y_c})^\eta D_c = \sum_c (\frac{y_W}{y_c})^\eta V_c I_c = \sum_c (\frac{y_W}{y_c})^\eta (\frac{y_c}{y_W})^\varepsilon V_W I_c =_{\eta=\varepsilon} \sum_c V_W I_c \tag{9-14}$$

I_c是物理影响（例如过早死亡的数量），V_c是国家单位值（如降低健康风险的支付意愿），V_W是全球平均单位值，ε是收入的价值弹性。如果η=ε，所有影响以全球平均水平来评估。当然，没有理由认为风险厌恶率会等于支付意愿的收入弹性。

9.6　权益权重的导入***

以上的论述对权益权重做了假设，推导过程如下。假设一个全球性的跨期福利函数为：

$$W = \sum_c \int_t U(C_c(t))e^{-\rho t}\mathrm{d}t \tag{9-15}$$

这里的全球福利W是有限数量的国家c的当前福利的总和。国家c的当前福利通过对效用流U的积分得到，由t时刻的消费C导出，以利率ρ贴现。

假设效用函数展示的相对风险厌恶率是一个常数，因此：

$$U = \frac{C^{1-\eta}}{1-\eta} \tag{9-16}$$

这里的η是风险厌恶率。

社会碳成本是排放中无数个小的变化对福利的影响。

$$scc_W=\frac{\partial W}{\partial E(0)}=\sum_c\int_t\frac{\partial U(C_c(t))}{\partial C_c(t)}\frac{\partial C_c(t)}{\partial E(0)}e^{-\rho t}\mathrm{d}t=\sum_c\int_t C_c(t)^{-\eta}\frac{\partial C_c(t)}{\partial E(0)}e^{-\rho t}\mathrm{d}t$$
$$=\sum_c\int_t C_c(0)^{-\eta}e^{-\eta gt}\frac{\partial C_c(t)}{\partial E(0)}e^{-\rho t}\mathrm{d}t=\sum_c C_c(0)^{-\eta}\int_t\frac{\partial C_c(t)}{\partial E(0)}e^{-(\rho+\eta g)t}\mathrm{d}t \tag{9-17}$$
$$=\sum_c C_c(0)^{-\eta}SCC_c$$

也就是说，全球社会碳成本 scc_W 是各国社会碳成本 scc_W 的加权和。

等式（9-17）没有明确指出社会碳成本与我们通常所认为的相同。它的单位是效用/吨碳，而不是美元/吨碳。因此，我们需要用效用/美元对其标准化。对单一机构，或有代表机构的国家，我们用关于消费的边际效用对其规范化。一个全球规划者需要对标准化进行更多的思考。

考虑即时全球福利函数：

$$W=\sum_c U(C_c) \tag{9-18}$$

对其最大化，受到总消费不能超过总收入 M 的预算约束，那么一阶条件是：

$$C_c^{-\eta}=\lambda \tag{9-19}$$

$$\sum_c C_c=M \tag{9-20}$$

预算约束是共享的，所以边际效用是均衡的。假定风险厌恶率是一个常数，所以消费是均衡的。因此，解决方案是：

$$\bar{C}^{-\eta}=\lambda \tag{9-21}$$

如果预算约束略有放松，预算约束的影子价格 λ 等于增加的福利。因此，对一个全球规划者而言，这是一个衡量具有消费意愿的边际福利的合适的方法。

因此，用等式（9-21）对等式（9-17）进行标准化，我们得到：

$$SCC_W=\frac{scc_W}{\bar{C}^{-\eta}}\sum_c\left(\frac{\bar{C}}{C_c}\right)^{-\eta}SCC_c \tag{9-22}$$

也就是等式（9-13）。

9.7 不确定性**

章节9.6告诉我们，当对不同收入的人所受的影响用美元进行加总时要小心；章节9.2讨论了随时间推移的加总问题。当对世界不同国家所受的影响用美元进行加总时应当被给予同等的关注，每一个国家都面临不能确定未来如何发展的情景。

面对气候变化影响的不确定性——不确定性本身是由于排放不确定、气候变化不确定、对气候变化的脆弱性不确定、气候变化的影响不确定及影响的价值不确定导致的——我们试图以如下方式计算预期影响：

$$ED = \sum_s p_s D_s \tag{9-23}$$

E是预期影响，p_s是世界上s（离散）地区的概率。如果不确定性是连续的，那么等式（9-23）可以由下式所替代：

$$ED = \int_D Df(D)\mathrm{d}D \tag{9-24}$$

等式（9-23）和（9-24）很直观，却是错误的。预期损失违背了圣彼得堡悖论（Petersburg Paradox），此悖论假设在概率相等的情况下，巨大收益抵消等额的巨大损失。换句话说，以1%的概率赢得一百万英镑的预期抵消以1%的概率失去一百万英镑的预期。

章节9.6在加总中引入了权重。从本质上讲，我们将福利问题线性化了，但用在这里是不恰当的，因为这可能使福利隐含了巨大偏差。因此，完整的福利计算应该使用：

$$EU(C,D) = \int_D U(C,D)f(D)\mathrm{d}D \tag{9-25}$$

那么，预期福利损失是：

$$E\Delta U = U(C,D=0) - EU(C,D) \tag{9-26}$$

确定性等价损失由下式定义：

$$U(C,D=0) - U(C,D=CED) = U(C,D=0) - EU(C,D) \tag{9-27}$$

其可以改写成为：

$$CED = U^{-1}[C,EU(C,D)] = U^{-1}[C,\int_D U(C,D)f(D)\mathrm{d}D] \tag{9-28}$$

也就是说，我们计算预期福利损失，然后转化福利函数，得到一个用货币衡量的影响。在等式（9-24）中，我们先转换货币，然后计算期望值。

风险溢价定义如下：

$$RPD = CED - ED \geqslant 0 \tag{9-29}$$

风险溢价是正的。对于风险厌恶者（如果损失确实有伤害）来说，它是严格正元素。

表9-2显示了预期损失和确定性等价损失的区别。如果损失相对收入较小，那么风险溢价较小，否则风险溢价迅速增长。

表9-2　　预期损失、确定性等价损失及风险溢价的说明

	影响	收入		影响	收入	
		100	1 000		100	1 000
0%	0	*4.61*	*6.91*		*4.61*	*6.91*
50%	10	*4.50*	*6.90*	10	*4.50*	*6.90*
50%	20	*4.38*	*6.89*	98	*0.69*	*6.80*
期望值	15	*4.44*	*6.89*	54	*2.60*	*6.85*
确定性等价值		15.15	15.01		86.58	55.02
风险溢价		0.15	0.01		32.58	1.02

注：斜体字数值以效用基数为单位，其他数值以英镑为单位。

9.8 模糊性***

通常，我们不确定使用什么样的概率密度函数来描述利益参数的不确定性。气候变化的例子就是如此。不仅是对最可能的结果，连可能的结果的范围，不同的专家也会给出不同的意见。你可能将此视为高阶不确定性，并定义为：

$$EU(C,D) = \sum_{s} p_s \int_D U(C,D) f_s(D) \mathrm{d}D \tag{9-30}$$

实质上是我们给预期损失增加了另一个加总，这次包含了所有可能的概率密度函数 f_s，由其概率 p_s 权衡。

然而，等式（9-30）违反了阿莱悖论（Allais Paradox）：相较于概率不确定的彩票，人们更喜欢概率已知的彩票——即使这复杂的概率是完全

一样的。这点可以通过下式得到满足：

$$EV(C,D)=\sum_{s} p_s V[C,\int_D U(C,D)f_s(D)\mathrm{d}D] \tag{9-31}$$

那么非模糊性等价损失定义如下：

$$AED=U^{-1}\{V^{-1}[C,EV(C,D)]\} \tag{9-32}$$

为了用货币表达非模糊性等价，需要对效用求逆 U^{-1}，括号之间的部分与确定性等价的定义方式相同。非模糊性等价定义如下：

$$APD=AED-CED \tag{9-33}$$

如果 V 是一个线性函数，$V(U)=U$，非模糊性溢价为零。换句话说就是不存在模糊性厌恶，并且非模糊性等价损失等于确定性等价损失。

9.9　深度不确定性****

气候影响的预期值是气候影响乘以其概率的积分，见等式（9-25）。在分布的尾部，影响扩大但是其概率急剧下降。如果是薄尾分布——大多数情况下确实如此，概率下降要比损失增长得快。因此，概率乘以影响的乘积降至零，积分收敛。预期存在并且是有界的。

然而，如果是厚尾分布，概率下降的速度没有损失下降得快。事实上，损失的增长快于概率的下降。因此，乘积上升，并且积分不收敛。预期不存在或者是无限大。

悲观定理（Dismal Theorem）由哈佛大学马丁·韦茨曼首次提出，指出气候变化及其影响的不确定性确实是厚尾分布。

厚尾分布产生了一个问题：如果目标是预期效用最大化，那么预期是必须存在的。从本质上讲，悲观定理说明了气候政策既不能应用最大化预期效用，又不能应用成本收益分析，因为二者货币化相近。

不同的人用不同的方式解释悲观定理。一种解释是悲观定理形成了预防原则（典型体现就是“有备无患”）。一种相关的解释是严格的气候政策是合理的。如果预期的福利损失是无限的，那么社会碳成本——一阶偏导数——是任意大的。因此，最优气候政策是极其严格的。这个解释是不正确的。如果期望效用不存在，你不能对气候政策应用最大化期望效用，你也不能从不存在的事物中得到政策的结论。唯一有效的结论是你需要找到一种可替代期望效用的决策标准。

这种可替代标准是能够找到的，典型的例子是最大后悔值最小化。它的运作原理如下。在世界的每个地区，找到其最优的行动方案——比如说，最大化福利的碳税。注意，我们对世界上每一个地区都如此做，所以不存在不确定性，且厚尾是无关紧要的。确定后悔值，即最优福利和实际福利的差别，因此在最优福利中后悔值是零。确定世界上每一个地区的后悔值。然后，从各个地区中寻找最大后悔值。最后，通过政策找到使最大后悔值最小化的干预措施。

最大后悔值最小化方法的主要优势是，它不像最大化预期福利那样，它可以处理一些由政策导致的非常糟糕的情况，可能这发生概率很小且其他政策不会导致这一结果。如果所有的选项都会导致可怕的后果，最大后悔值最小化会从中选择最不可怕的。

对悲观定理的另一些反对意见已经越来越多。韦茨曼定理形成初期只考虑了气候变化的影响，这确实可能是非常消极的。然而，气候政策是一把双刃剑。减少排放的影响也可能非常消极。逐渐减排不会造成严重的经济问题（见第3章），但从短期来看，化石燃料是经济发展必不可少的投入。从长期看，我们可以提高能源效率并转换到替代能源；从短期看，减少经济活动是减少排放唯一可行的选择。因此，过于严格的气候政策产生了巨大的成本，因此必须与气候变化的风险相互权衡。

此外，悲观定理依赖于非常实质性的气候变化对福利的影响。在一个对数效用函数（或其他任何CRRA——常数相对风险厌恶型效用函数）中，如果消费减少到低于一个单位（无论以什么单位衡量消费），福利损失会急剧增加。其他效用函数则没有这一特点。效用随消费减少而降低，但是在较低水平的消费情况下，效用也不会陡然下降。因此，与CRRA一致的悲观定理是对穷人行为的一个有效描述。

9.10　气候政策的内涵**

图9-1从社会碳成本的角度说明了气候的意义。

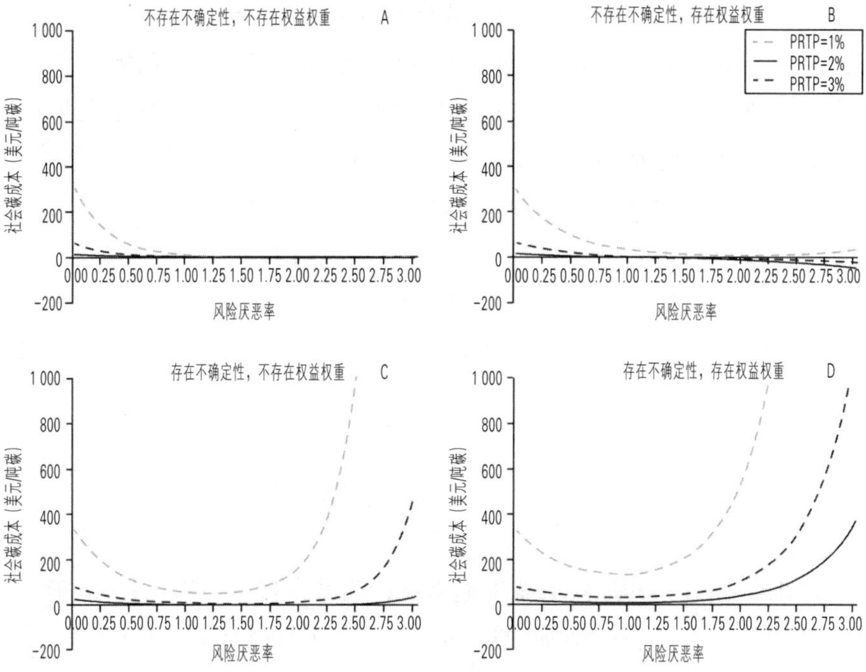

图9-1　拉姆齐规则参数函数的社会碳成本

平面图A忽略了权益和不确定性。我们用两个参数的函数表示社会碳成本，即纯时间偏好率和风险厌恶率。这里的关系很简单。纯时间偏好率越高，你越少关心未来，并且社会碳成本越低。风险厌恶率只影响贴现率（见拉姆齐规则，等式（9-9））。风险厌恶率越低，贴现率越低，你越关心未来，并且社会碳成本越高。

平面图C引入了不确定性（但忽略了权益）。它显示了确定性等价社会碳成本是一个纯时间偏好率和风险厌恶率的函数。结果与预期相同。因为比起正面的惊喜，等概率的负面意外更为可能，确定性等价社会碳成本比最佳猜测社会碳成本要大。这一影响随着风险厌恶率的增加而变强。

平面图B引入了权益（但忽略了不确定性）。对于1%的纯时间偏好率，结果尽管模糊但却直观。风险厌恶率越低，贴现率越低，你越关心未来，并且社会碳成本越高。同时，风险厌恶率越低，你越少关心贫困的国家，从而社会碳成本越低。纯时间偏好率越高，关系也会越复杂。由于二氧化碳的营养作用，气候变化对贫困国家的影响在短期内是积极的（但长远看是消极的）。由于长远的消极影响被贴现，社会碳成本随着风险厌恶率的增加而变得更为消极。

平面图D同时使用了权益和不确定性。它的不确定性如此大，以至于最佳猜测的积极影响大于尾部分布的消极影响带来的抵消，除此之外，其模式与平面图C大致相同。最引人注目的是，其结果覆盖面很大。依据对参数的选择，平面图D几乎可以解释任何碳税。当然，这也引出了应该使用哪些参数的问题。

9.11　参数的选择**

纯时间偏好率和风险厌恶率通常被称为“伦理参数”。对个人而言，这些参数反映了对未来和风险的态度。这一态度可能是基于道德推理，也可能是社会规范和教养的结果。对分析者而言，这些参数反映了经济主体的偏好，并且是可以衡量的。

对社会而言，这些参数也反映了对未来、对风险、对社会内部及社会之间不平等的态度。决策制定可以被解读为隐含的风险厌恶和时间偏好率，在这个意义上，这些参数是可以被计量的。然而，是什么与应该是什么是不同的事情。此外，政府决策揭示的偏好分析显示了行为的不一致性。决策分析者的角色是通过消除不一致并淘汰没人喜欢的决策来改善政策制定的。同样也可从伦理的意义上理解这一点，道德领袖的角色是通过改善偏好使得决策更好。

这是一个深刻的问题。理性的人们可以并且应该得到不同的结论。两个截然相反的状态如下。你可以选择哲学的方法，从首要原则中推理纯时间偏好率应该是什么。或者，你可以主张政府的决策应该反映人民的意志并尝试衡量这一意志。

除了潜在的错误及衡量人民意志的偏差，民主与黑道规则是不同的。民主的政府应该使少数群体得到保护，并且使用正当的程序。政府也应该恰当地提供公共物品，因为这是个人所不能做的。在这些例子中，人民的集体意志与人民的个人意志相背离。政府可以并且应该在多大程度上背离个人意志是一个政治问题。

这里也有共识——公共政策应该内部一致。如果对气候政策的公共投资有理由采用较低的纯时间偏好率，那么这些理由也同样适用于对教育、卫生保健和养老金的公共投资。如果我们有充分的理由担心气候变化对其他国家居民的影响，那么这也应该影响援助、贸易和移民政策。

9.12　科学与诡辩****

现在读者应该清楚，没有所谓的最优气候政策。虽然最优很明确且客观，但条件包含许多主观选择，其中一些观点饱受争议，而另一些观点虽然普遍但也不是人人都支持。因此，任何对于特定碳税的争论都是对于有一组特定参数的特定社会福利函数的争论。事实上，如第4章所示，任何支持碳税的说法，无论水平如何，都是基于对经济效率的关注可以与对气候效果的关注相互抵消的假设。

从这个意义上说，气候政策与经济学家参与的其他政策没有什么不同。教育、卫生、劳动和一系列其他政策都是基于积极要素和规范要素的组合。对于个体研究人员，区分分析中基于可用证据的公正解释的部分和基于社会应该做什么或者是什么的片面反思的部分十分重要。当与外行人交流时，这点更加重要，因为与其他专家相比，外行人可能不具备准确区分是什么和应该是什么的知识。个体研究人员必须理解其世界观并非像其自认为的那样正确无疑，可能不是每个人都赞同，甚至可能会反对。为政策制定者寻求建议，让一些持不同观点的专家加入十分重要。

对于经济学家（和其他社会科学家）来说这几乎是顺其自然的。历史上伟大的经济学家——史密斯（Smith）、李嘉图（Ricardo）、米尔斯（Mills）、马克思（Marx）、凯恩斯（Keynes）、丁伯根（Tinbergen）、弗里德曼（Friedman）——都被卷入了他们所处时代有争议的政策问题。这同样适用于当代的经济学家。青年经济学家明确表示他们不仅研究经济，并且影响经济的发展。在我的归纳中所使用的例子是，也许某天我们中的一个新生将成为中央银行行长。事实上，本·伯南克（Ben Bernanke）是货币政策专业最优秀的学生之一，他曾任美国联邦储备理事会主席，是最主要的货币政策制定者之一。

自然科学家一般不会共享这些敏感问题。在三个核心问题中，自然科学家几乎只关注“如果……怎么办？”也就是说，为了获得预测能力，他们寻求了解现实世界某一个特殊的方面。他们旨在客观地去做，即使他们只能得到复制品。一群文化上同质的人将会有相同的盲点，当然选择研究什么和不研究什么是主观的。

社会科学家往往更适应另外两个核心问题：“那又怎样？”——如果预测成真，谁会受到伤害或帮助，并且这些影响程度如何；“该怎么做？”——什么是适当的行动，及其防止、减少或刺激预测影响的强度如何。自然科学家往往不适应这些问题。

芬特维兹（Funtowicz）和莱维兹（Ravetz）甚至创造了一个新词——后常规科学——来描述政策风险高、科学不确定及价值有争议的领域。“常规”与库恩（Kuhn）有关，他坚持对常规实践的描述仅指自然科学。“后”指的是时间顺序，正如早期对于太阳系、废除奴隶制、优生学和公共养老金的讨论，在学术上和政治上都没有巨大的争议。然而，后常规科学明确表示传统的自然科学规则不适用于类似气候变化的问题。不幸的是后常规科学并没有提供一个替代的行为准则（偶尔被用来证明事情合理）。

最重要的是要记住低质量的研究是于事无补的——或者说，它应该是于事无补的。不具备说服力的结果通常被用来支持一个政治立场，这很不应该。政策应该通过最有效的知识进行传递。

小罗杰·皮尔克（Roger Pielke Jr）对专家建议政策的行为进行了分类。“纯科学家”也许可以做政策相关的研究，但并不参与政策制定或政策建议，并且其研究议程的设置与政策问题相互独立。“科学的仲裁者”将其角色限制在预测正在讨论的政策的影响上，不判断这些影响的价值。“问题导向者”考量那些坚持自己政治信念的人，旨在限制政策选项的数量。“诚实的中间人”和“科学仲裁者”一样评估政策选择的影响，并且试图给那些已经在考虑中的政策添加新选项。最后，“隐形导向者”实际上是“问题导向者”，但他们假装是“科学仲裁者”或“诚实的中间人”。

显然，每个人都应该努力成为一个“诚实的中间人”。在上面讨论的语境中，显示了关键政策变量对参数的敏感度，并讨论为什么有些人主张用一个参数值，而其他人主张用不同的数值。我觉得这有助于声明我个人的观点，但要明确表态的是，我是作为一个公民而不是一个专家在讲话，并且加上这点后其他人大概不会赞同我。

延伸阅读

Christian Gollier 的 The Economics of Risk and Time（2004）和 Pricing the Planet's Future：The Economics of Discounting in an Uncertain Future（2012）是关于贴现、不确定性及二者相互作用方面的优秀著作。Paul Portney 和 John Weyant 的 Discounting and Intergenerational Equity（1999）是关于贴现方面的杰出著作。Ferenc Toth 的 Fair Weather：Equity Concerns in Climate Change（2009）是权益和气候政策方面最好的论文之一。

IDEAS/RePEc 对这个主题有精选书目，参考网址：http：//biblio.repec.org/entry/tdg.html。

练习

9.1 假设全球平均地表气温升高（偏离前工业时代），从2000年的0.8℃上升到3.8℃。假设影响函数是$-4.33T+1.92T^2$。计算21世纪的影响趋势。用0%、1%、3%、5%、和10%的消费贴现率将这些影响贴现到2000年。

9.2 使用不平等厌恶率为0、1、2和3的权益权重对国家气候变化的影响求和（https：//sites.google.com/site/climate-conomics/data/06- economic-impacts）。

9.3 假设全球平均地表气温升高（偏离前工业时代），从2000年的0.8℃上升到3.8℃的概率是50%，上升到2.8℃的概率是25%，上升到4.8℃的概率是25%。假设影响函数是$-4.33T+1.92T^2$，计算21世纪的平均影响趋势。这与变暖3.8℃的影响相比如何？假设人均收入从2000年的6 400美元/人/年增长到2100年的86 000美元/人/年，计算确定性等价影响。这与平均影响相比如何？假设人均收入没有增长，这使得确定性等价影响如何变化？

9.4 权益权重的推导假设了一个效用福利函数。如果福利函数是$W=\sum_c \frac{U_c^{1-\gamma}}{1-\gamma}$，那么权益权重是多少？

9.5 采用https：//sites.google.com/site/climateconomics/data/14- climate-policy网址上的调研，结果可以在页面底部下载。针对问题1和2计算风险和模糊性厌恶，针对问题3和4计算贴现率，针对问题5和6计算不平等厌恶。

9.6 阅读与讨论

• **D. Anthoff，C. Hepburn and R.S.J. Tol（2009），'Equity weighing and the marginal，damage costs of climate change'，*Ecological Economics*，68，836-849.

• **D. Anthoff and R.S.J. Tol（2010），'On international equity weights and national decision making on climate change', *Journal of Environmental Economics and Management*, 60, 14–20.

- ***M.L. Weitzman (2009), 'On modeling and interpretating the economics of catastrophic climate change', *Review of Economics and Statistics*, 91 (1), 1–19.
- ***W.D. Nordhaus (2011), 'The economics of tail events with an application to climate change', *Review of Environmental Economics and Policy*, 5 (2), 240–257.
- ****A. Millner (2013), 'On welfare frameworks and catastrophic climate risks', *Journal of Environmental Economics and Management*, 65, 310–325.
- ****S. Dietz and G.B. Asheim (2012), 'Climate policy under sustainable discounted utilitarianism', *Journal of Environmental Economics and Management*, 63, 321–335.
- ****R.S.J. Tol (2013), 'Climate policy with Bentham - Rawls preferences', *Economics Letters*, 118, 424–428.
- ****A. Millner, S. Dietz and G.M. Heal (2013), 'Scientific ambiguity and climate policy', *Environmental and Resource Economics*, 55, 21–46.
- ****M. Ha Duong and N. Treich (2004), 'Risk aversion, intergenerational equity and climate change', *Environmental and Resource Economics*, 28, 195–207.

注释

1 在弱帕累托下,所有情况都需要变得更好。

[第10章]

不可逆性与学习

微博专栏

- 因为负面的意外比正面的惊喜更有可能出现，所以气候政策在不确定性下更为严格。
- 因为人们是风险厌恶的，所以气候政策在不确定性下更为严格。
- 不可逆性和不确定性的结合要求我们更加谨慎：错误是不可挽回的。
- 排放的温室气体在大气中长时间停留，并使我们困于气候变化之中。
- 能源和运输资本是长周期的，因而锁定了能源的使用水平和模式。
- 被困于不良气候变化的风险大于锁定昂贵能源的风险。
- 因此，不可逆性要求更加严格的气候政策。
- 当前的最优减排取决于对未来气候政策的预期。
- 未来的气候政策取决于未来的知识。因此学习的预期影响当前的气候政策。
- 未来的学习意味着当前的气候政策可以减少对未来政策错误的预防。
- 因此，未来的学习预期意味着最佳气候政策比当前气候政策要略微宽松。

10.1 引言

章节8.3介绍了静态和动态两种情况的成本收益分析。章节9.8讨论了风险下的成本收益分析。在风险环境中，确定的参数是不可知的，但是其概率密度函数是可知的。现在我们通过引入不可逆性和学习，对这两个问题做更进一步研究。

不可逆性对决策的影响很直观：

- 如果我今天做的一些有趣的事情会导致后天的一场灾难，那么我应该不会这样做。
- 如果我今天做的一些有趣的事情有可能会导致后天的一场灾难，那么我应该会考虑是否值得冒险并可能不会这样做。
- 如果我今天做的一些有趣的事情有可能会导致后天的一场灾难，但我能够不以我知道的更多的明天为代价撤销我的行动，那么我应该还是会这样做。
- 如果我今天做的一些有趣的事情有可能会导致后天的一场灾难，但我能够以我知道的更多的明天为代价撤销我的行动，那么我应该会考虑是否值得冒险。

换句话说，相较于结果可逆的行动，应该对结果不可逆的行动考虑得更加谨慎。

学习的影响并非微不足道。显然，随着我们更加了解气候问题，我们可以改善我们的行为。然而，我们不知道我们将学习什么——如果我们知道，我们就已经学过了。事实上，即使我们不知道我们将学习什么，我们也知道我们将要学习的东西会影响当前的最优政策。这是不合常理的。本章剩余的部分将解释这如何不合常理。

10.2 一个典型案例**

考虑一个3阶段问题。温室气体在第1、2阶段排放，并在大气中积累，在第3阶段产生损失。我们通过在第1、2阶段设定减排目标，寻求最小化减排成本和损失成本的净现值总和。

针对这个问题我们会考虑4个变量。在第1、2阶段，每一个变量中不受控制的排放E都是100个单位。大气浓度等于前一阶段浓度的90%加上前一阶段的排放。因此，没有控制排放时，大气浓度是190个单位。减排成本C是减排努力R的二次方程式，结合单位边际成本，即：

$$C_t = 0.5R_t^2 \Rightarrow \frac{\partial C_t}{\partial R_t} = R, t = 1,2 \tag{10-1}$$

受控制的排放等于$E_t - R_t$。贴现率是10%。模型中除了气候变化的损失，所有参数都已经确定：损失要么高，要么低，各有50%的概率。模型的第2和第4个变量中揭示了第2阶段损失是高还是低。第1和第3个变量中没有学习。在前两个变量中，浓度的影响是线性的。在后两个变量中，浓度的影响是二次型的。

	没有学习	学习
线性影响	变量1	变量2
二次影响	变量3	变量4

在前两个变量中，在第3阶段损失D是大气浓度10倍的概率是50%，20倍的概率也是50%。如果没有学习，那么问题是：

$$\min_{R_1,R_2} NPV = 0.5R_1^2 + \frac{0.5R_2^2}{1+0.1} + (0.5\times 10 + 0.5\times 20)\frac{0.9(100-R_1)+100-R_2}{(1+0.1)^2} \tag{10-2}$$

这是无约束最大化——因为我们把存储函数转化为目标函数——所以最优的一阶条件是：

$$\frac{\partial NPV}{\partial R_1} = 0 \Leftrightarrow R_1 = \frac{(0.5\times 10 + 0.5\times 20)0.9}{(1+0.1)^2} = 10.9 \tag{10-3}$$

$$\frac{\partial NPV}{\partial R_2} = 0 \Leftrightarrow R_2 = \frac{(0.5\times 10 + 0.5\times 20)}{1+0.1} = 13.5 \tag{10-4}$$

如果变量中有学习，要在不同信息的条件下做决策，我们不能使用等式（10–2）。通常我们用逆向归纳法来解决这类问题，首先解决最后阶段的优化问题，然后进行当前的工作。也就是说，对于第2阶段：

$$\min_{R_2} NPV_2 = 0.5R_2^2 + \alpha \frac{0.9(100 - R_1) + 100 - R_2}{1 + 0.1} \alpha = 10, 20 \tag{10–5}$$

一阶条件是：

$$\frac{\partial NPV_2}{\partial R_2} = 0 \Leftrightarrow R_{2,i} = \frac{a}{1 + 0.1} = 9, 18 \tag{10–6}$$

如果变量中没有学习，最优决策是第2阶段减少排放13.5个单位。如果变量中有学习，最优决策是减少排放9或18个单位。平均而言，决策是相同的——（9+18）/2=27/2=13.5——但实质并不相同。

对于第1阶段，问题是：

$$\min_{R_1} NPV_1 = 0.5R_1^2 + (0.5 \times 10 + 0.5 \times 20) \frac{0.9(100 - R_1) + 100 - (0.5 \times R_{2,1} + 0.5 \times R_{2,2})}{(1 + 0.1)^2} \tag{10–7}$$

即第1阶段的最优行动取决于对第2阶段行动的预期。一阶条件是：

$$\frac{\partial NPV_1}{\partial R_1} = 0 \Leftrightarrow R_1 = \frac{(0.5 \times 10 + 0.5 \times 20)0.9}{(1 + 0.1)^2} = 10.9 \tag{10–8}$$

学习不影响第1阶段的最优决策。等式（10–3）和（10–8）没有区别：因为第2阶段最优减排与影响成比例，平均减排等于平均影响的减排。进一步说，期望的最大值（exp max）等于最大的期望值（max exp）。

一般来说，exp max≠max exp。期望（exp）和最大化（max）都被称为运算符，只有是线性关系时才可以调换运算顺序。期望是一个线性运算符，平均值是一个加权和。最大化并不是一个线性运算符——除非一阶条件是线性的。在这个例子中确实如此。

在第3和第4变量中，损失D与大气浓度的平方成比例，参数是0.026的概率为50%，参数是0.053的概率为50%。选择这些参数是为了使不受控制情况下的边际损失与上述情况的边际损失相等。如果变量中没有学习，那么问题是：

$$\min_{R_1,R_2} NPV = 0.5R_1^2 + \frac{0.5R_2^2}{1+0.1} + (0.5\times 10 + 0.5\times 20)\frac{[0.9(100-R_1)+100-R_2]^2}{(1+0.1)^2} \tag{10-9}$$

一阶条件是：

$$\frac{\partial NPV}{\partial R_1} = R_1 - (0.5\times 10 + 0.5\times 20)\frac{2\times 0.9[0.9(100-R_1)+100-R_2]}{(1+0.1)^2} = 0 \Leftrightarrow$$
$$R_1 = \frac{(0.5\times 10+0.5\times 20)2\times 0.9(0.9\times 100+100-R_2)}{(1+0.1)^2+2\times 0.9\times 0.9(0.5\times 10+0.5\times 20)} \tag{10-10}$$

$$\frac{\partial NPV}{\partial R_2} = \frac{R_2}{1+0.1} - (0.5\times 10 + 0.5\times 20)\frac{2[0.9(100-R_1)+100-R_2]}{(1+0.1)^2} = 0 \Leftrightarrow$$
$$R_2 = \frac{(0.5\times 10+0.5\times 20)2[0.9(100-R_1)+100]}{(1+0.1)+2(0.5\times 10+0.5\times 20)} \tag{10-11}$$

这是一个含有两个未知数的线性方程组。其答案是：$R_1 = 9.92$，$R_2 = 12.13$。第1个变量的关键区别在于最优政策在两个阶段互动：R_1 取决于 R_2，R_2 取决于 R_1。

如果变量中有学习，第2阶段的一阶条件等于：

$$\frac{\partial NPV}{\partial R_2} = \frac{R_2}{1+0.1} - \alpha\frac{2[0.9(100-R_1)+100-R_2]}{(1+0.1)^2} = 0 \Leftrightarrow$$
$$R_2 = \frac{2\alpha[0.9(100-R_1)+100]}{(1+0.1)+2\alpha} \tag{10-12}$$

对于第1阶段，情况是：

$$\frac{\partial NPV}{\partial R_1} = R_1 - (0.5\times 10 + 0.5\times 20)\frac{2\times 0.9[0.9(100-R_1)+100-0.5R_{2,1}-0.5R_{2,2}]}{(1+0.1)^2} = 0$$
$$\Leftrightarrow R_1 = \frac{(0.5\times 10+0.5\times 20)2\times 0.9(0.9\times 100+100-0.5R_{2,1}-0.5R_{2,2})}{(1+0.1)^2+2\times 0.9\times 0.9(0.5\times 10+0.5\times 20)} \tag{10-13}$$

等式（10−10）与等式（10−13）的区别是前者是基于平均损失的第2阶段减排，而后者是第2阶段的平均减排。

如果变量中有学习，答案是 $R_2 = 8.72, 15.82$，平均值是12.05。相比之下，变量中没有学习时，$R_2 = 12.13$。原因十分直观：虽然问题已经设置为线性效用（或零风险厌恶），但损失函数是曲线的。这就类似风险厌恶。因此，如果损失是未知的，一个理性的决策者可能为保险起见，不惜犯错，与高损失的情景更加接近。

当变量中没有学习时，$R_1 = 9.92$；当变量中有学习时，$R_1 = 9.86$。直观解释如下：如果变量中有学习，投资者会意识到减排的投资不足并且可以在第2阶段纠正；如果变量中没有学习，一个理性的决策者会更加谨慎，其不仅要应对世界状态的不确定性，而且要面对一个不完全知情的继任者。

10.3 应用于气候变化**

在章节10.2中我们用一个典型案例讨论了一个不完全了解的、动态的、不可逆的非线性系统，未来的学习前景影响当前的最优行为——甚至使我们不知道要学习什么。我们的直觉如下：福利净现值取决于未来的选择。因此，当前选择受到未来选择的影响。如果加入学习因素，未来的选择将会与不加入学习因素大不相同。因此，未来的学习影响当前的选择。

气候问题的温室气体减排成本和收益非常适合用不确定性、动态性、非线性和不可逆性来刻画其特征。时间尺度足够长以保证人们不断学习。因此，从上面的分析中，我们可以预期未来的学习前景影响最优温室气体减排。

气候政策比上面的典型模型要复杂得多。关键的区别是等式两边都具备不可逆性。二氧化碳长期存在于大气中。另外，资本更新具有长周期性，如果要避免资本白白耗损的代价，对可再生能源进行投资是大势所趋。因此，最优减排要平衡两种不可逆性，而且学习从两个方向推动排放控制。

图10-1显示了短期内用不加入学习因素的最优减排变化的百分比进行检测的未来学习对最优减排的影响。图10-1中有来自5个研究（每个研究报告都有对一些灵敏性分析的结果）的17个测算。一个测算显示减排的不可逆性超过排放的不可逆性，因此，最优排放由于学习而降低（或最佳减排更为严格）。两个测算显示有没有学习几乎没差别。14个测算显示学习增加了最优排放（或最佳减排不那么宽松）。测算的影响程度跨越两个数量级——从0.6%到63%，大多数测算值是百分之十几。也就是说，学习不仅仅可以满足人们对知识的好奇心，也可以更有效地促进最佳减

排。具体地说，因为学习使我们可以更好地预期未来，所以我们当前可以实施更宽松的气候政策。

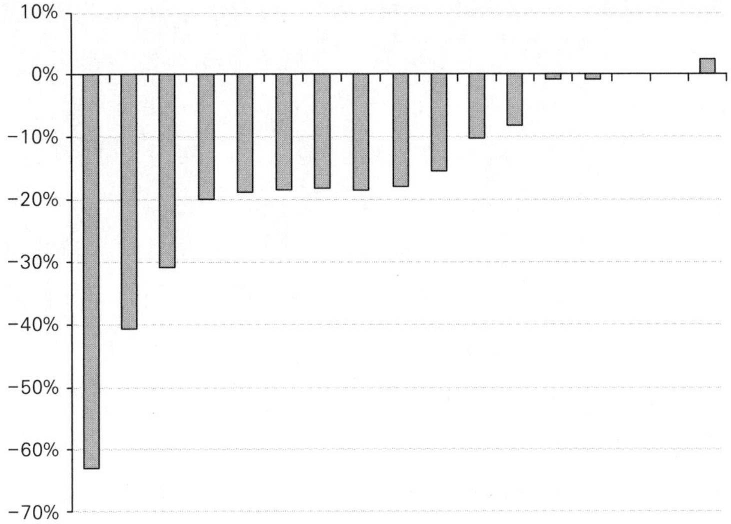

图10−1　根据不同研究和参数模型，未来的学习对最优减排的影响（相对于没有学习的减排）

延伸阅读

不确定性、不可逆性和学习的最好的入门书籍是Alan Mann和Richard Richels撰写的Buying Greenhouse Insurance（1991），最重要的部分于1991年以相同的标题发表在Energy Policy杂志上。Ingham、Ma和Ulph等在能源政策杂志上发表的Climate change，mitigation and adaptation with uncertainty and learning，对最近的文献做了很好的回顾。

IDEAS/RePEc对这个主题有精选书目，参考网址：http://biblio.repec.org/entry/tdh.html。

练习

10.1 用影响为9、概率为50%和影响为21、概率为50%推导方程（10-1）~（10-3）。以影响为11、概率为50%和影响为21、概率为50%再次重复推导方程（10-1）~（10-3）。保持均值增加差价（第1个练习）和保持差价增加均值（第2个练习）的相对影响是什么？

10.2 下一阶段如果二氧化碳100%地留在大气中，推导方程（10-1）~（10-3），如果0%留在大气中，推导方程（10-1）~（10-3）。学习效果对最优控制的影响是什么？

10.3 阅读与讨论

- **C.D. Kolstad (1994), 'George Bush v Al Gore: Irreversibilities in greenhouse gas accumulation and emission control investment', *Energy Policy*, 22 (9), 771–778.
- **A.S. Manne and R.G. Richels (1995), 'Greenhouse debate: Economic efficiency, burden sharing, and hedging strategies', *Energy Journal*, 16 (4), 1–37.
- ***R.S. Pindyck (2007), 'Uncertainty in environmental economics', *Review of Environmental Economics and Policy*, 1 (1), 45–65.
- ***K. Keller, B.M. Bolker and D.F. Bradford (2004), 'Uncertain climate thresholds and optimal economic growth', *Journal of Environmental Economics and Management*, 48 (1), 723–741.
- ****A. Ingham, J. Ma and A.M. Ulph (2007), 'Climate change, mitigation and adaptation with uncertainty and learning', *Energy Policy*, 35, 5354–5369.
- ****A. Lange and N. Treich (2008), 'Uncertainty, learning and ambiguity in economic models on climate policy: Some classical results and new directions', *Climatic Change*, 89, 7–21.

- ****E. Baker (2005), 'Uncertainty and learning in a strategic environment: Global climate change', *Resource and Energy Economics*, 27, 19–40.

[第11章]

国际环境协议

微博专栏

- 国际气候政策有很长的具有良好意愿的历史，但是20年来的谈判几乎没有什么成果。
- 《京都议定书》只规定了少数国家的义务，并且对没有达到目标的国家没有什么有效的制裁。
- 《京都议定书》设置的目标在2012年到期，但其国际灵活性机制还未到期。
- 人们对哥本哈根会议抱有很高的期望。政界高官已经“被扔了臭鸡蛋”，并不会匆忙回应。
- 坎昆、德班和多哈会议的最大成效是承诺继续谈判，也许就在明年。
- 温室气体减排是全球性的公共利益。国家在提供公共物品上不会合作。
- ……因为减排节约的成本是私有的，而附加的影响是社会共享的。
- 由于国家碳成本是全球碳成本的一部分，如果国家合作的进程放缓，减排也会下降。
- 如果没有人愿意加入，没有人想要离开，并且所有人都比在纳什均衡中做得更好，那么联盟是稳定的。

- 联盟的形成就像以物易物：你承诺减少更多，作为回报别人也会减少更多。
- 你计划自己承诺较少，并希望别人会承诺很多，他们也在计划和希望相同的事。
- 博弈论预测：环境协议要么会有许多签署方，且每一方承诺都很少，要么就是有几个签署方，且每一方都承诺很多。
- 无论哪种方式，对排放的影响都不是很大。《京都议定书》与博弈论的预测是一致的。

11.1　合作与非合作减排**

第8章从一个全球社会规划者的角度讨论了气候政策，这是一个有用的评判指标。全球社会规划者可以使全球福利最大化，这是最好的气候政策。与此同时，这也是一个不现实的角度。根本就没有什么类似的脱离现实的全球社会规划者，因为没有任何机构可以强制主权国家实施减排政策，更不用说需要动员将一个潜在的帕累托改进转变成实际的帕累托改进。因此，这将导致实际的更为现实的气候政策的结果必然低于全球最优福利。

图11-1显示了社会碳成本的区域构成。在这个特殊的例子中，全球社会碳成本是16美元/吨碳。全球社会碳成本是区域社会碳成本的总和，区域成本是全球成本的一部分。如果世界是由16个区域社会规划者管理，并忽视他们对世界其他地区产生的影响，那么每人征收的碳税将等于区域社会碳成本。如果图11-1的数字是正确的，全球社会规划者将征收16美元/吨碳的碳税。欧洲社会规划者将征收的碳税大约是16美元/吨碳的10%，即1.5欧元/吨碳。

图11-2显示了这个影响。在图11-2中，有190个国家（而不是16个区域）。在非合作的情景中，每个国家的社会规划者使国家社会碳成本等同于国家边际减排成本。这样的结果是减少一些排放，但远低于合作减排的情况，合作时使用的是全球社会碳成本（合作的情况在第8章中讨论了）。

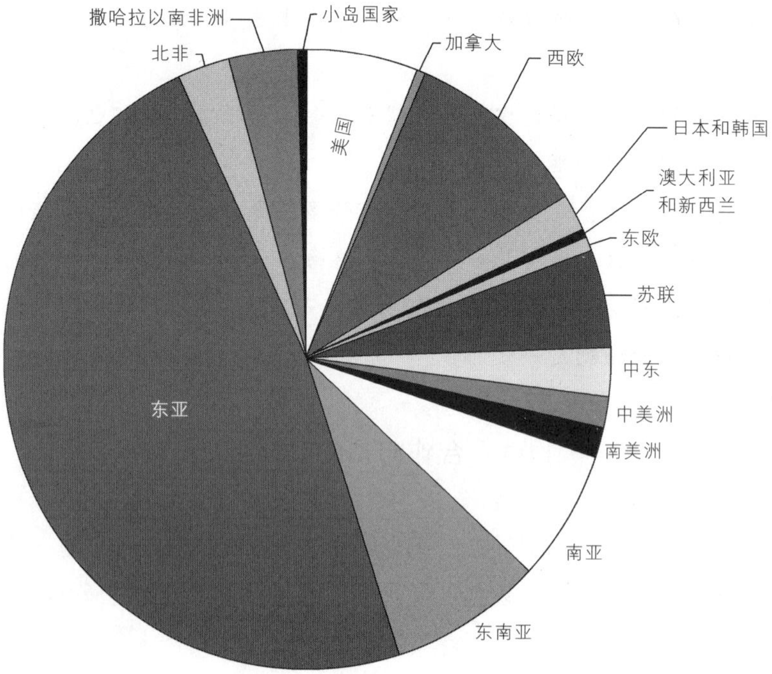

图11-1　社会碳成本的区域分解

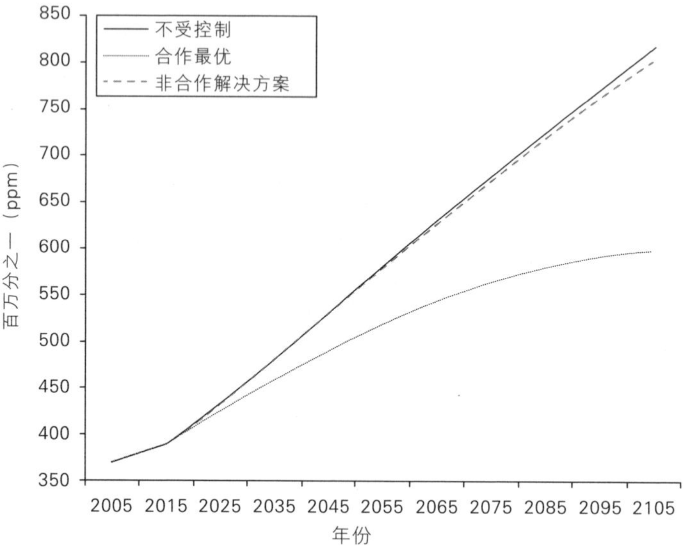

图11-2　合作减排与非合作减排情境下的大气二氧化碳浓度

合作和非合作的气候政策差异很大并且显而易见。然而，这些都是极端的情况。显然，这个世界并不是合作管理的。与此同时，国家也不是孤立地运作。问题是主权、自利的国家在气候政策上维持合作的程度。

11.2　搭便车**

在研究公共物品供给的某种特殊方式时，常常以“搭便车”为例。全面合作是分析的起点，然后每个国家考虑其是否想继续合作，但其不考虑其他国家的合作动机。从纳什均衡的意义上说，这是最好的回应。因此，不考虑他人的计划通常被称作纳什行为。然而，纳什（Nash）并不是这一假设的创始人，而且，对该假设更为确切的描述是目光短浅的行为。也就是说，一个国家考虑其是否想继续合作时，假设其他国家都继续合作。因此，要在由于降低减排而节约成本与产生额外损失之间进行权衡。

让我们用一个线性二次型的博弈对此做进一步的研究。国家i减少排放R的成本C是：

$$C_i = \alpha_i R_i^2 \tag{11-1}$$

α是一个参数，表示减排的单位成本。通过假设，国家i的减排成本仅仅取决于国家i减少的排放量，与其他国家的减排没有关系。

减排的效益B是：

$$B_i = \beta_i \sum_j R_j E_j \tag{11-2}$$

β是一个参数，表示社会碳成本，E是气候政策缺失时的排放量。也就是说减排的效益取决于所有的国家，用其减排的努力R和初始排放E测定。

在非合作解决方案中，每个国家通过使边际成本与收益相等来最大化自己的净效益：

$$\frac{\partial B_i}{\partial R_i} = \beta_i E_i = 2\alpha_i R_i = \frac{\partial C_i}{\partial R_i} \forall i \Rightarrow R'_i = \frac{\beta_i E_i}{2\alpha_i} \forall i \tag{11-3}$$

在合作解决方案中，所有国家通过使边际成本与收益相等共同地最大化集体的净效益：

$$\frac{\partial \sum_j B_j}{\partial R_i} = E_i \sum_j \beta_j = 2\alpha_i R_i = \frac{\partial C_i}{\partial R_i} \forall i \Rightarrow R'_i = \frac{\sum_j \beta_j E_i}{2\alpha_i} = \frac{\beta E_i}{2\alpha_i} \forall i \tag{11-4}$$

乍看之下，合作和非合作的解决方案看起来十分相似。在这两种情况下，最优减排都等于边际效益乘以自身的排放，再除以2倍的单位减排成本。但是其中有一个关键的区别：非合作的解决方案只考虑了自己国家的边际收益，而在合作解决方案中所有国家的边际效益都被考虑在内。

成本的差异遵循将等式（9-1）和等式（9-3）合并而成的等式（9-4）①：

$$C'_i - C^*_i = \alpha_i\left(\frac{\beta E_i}{2\alpha_i}\right)^2 - \alpha_i\left(\frac{\beta_i E_i}{2\alpha_i}\right)^2 = (\beta^2 - \beta_i^2)\frac{E_i^2}{4\alpha_i}\forall i \tag{11-5}$$

由于我们考虑“搭便车”，效益的差异只遵循自己国家的减排变化：

$$B'_i - B^*_i = \beta_i\left(\frac{\beta E_i}{2\alpha_i} - \frac{\beta_i E_i}{2\alpha_i}\right)E_i = (\beta_i - \beta_i^2)\frac{E_i^2}{2\alpha_i}\forall i \tag{11-6}$$

如果等式（11-5）的节约成本超过等式（11-6）的额外损失，那么“搭便车”符合国家的最优利益。

几乎总是如此。表11-1说明了这一点。为了方便起见，排放等于1，单位成本等于1/2。在第一行中，国家社会碳成本是全球社会碳成本的1/4。那么，节约成本是7.5，且额外损失是3。“搭便车”是最好的选择。在第二行中，国家社会碳成本是全球社会碳成本的1/10。那么，节约成本更高：49.5。节约成本更高的原因是较小的国家需要为了世界上的其他地方做得更多，额外损失也更高：9。但是，因为减排成本是二次曲线型的，而减排收益是线性的，所以在这种情况下最好的选择也是“搭便车”。在第三行中，国家社会碳成本是全球社会碳成本的1/2。节约成本下降至1.5。额外损失也下降至1。最好的选择仍是“搭便车”。

表11-1 “搭便车”行为说明

β	β_i	A	E	ΔC	ΔB	$\Delta C - \Delta B$
4	1	0.5	1	7.5	3	3.5②
10	1	0.5	1	49.5	9	40.5
2	1	0.5	1	1.5	1	0.5

① 译者注：原书为(9-1)、(9-3)和(9-4)，译者认为应该分别为(11-1)、(11-3)和(11-4)。

② 译者注：原书为3.5，译者认为应该是4.5。

在这种情形下，每个国家都有“搭便车”的动机。在更一般的情形下，几乎每个国家都会“搭便车”。因此，合作瓦解。

11.3　卡特尔的形成**

以上，我们对比了全面合作和非合作。也有居中的情况——一些国家彼此合作，而另一些不合作。这种情况通常在卡特尔博弈理论（顾名思义，这起源于工业组织）下被研究。

联盟当且仅当内部稳定、外部稳定并且有利可图时才称为稳定。如果没有成员在联盟以外变得更好，那么就称联盟内部稳定。如果没有非成员在联盟内变得更好，那么就称联盟外部稳定。这很直观：如果没有人想离开，也没有人想加入，那么联盟是稳定的。如果所有成员至少与完全不合作的情况下一样好，那么称为联盟是有利可图的。最后一个条件在一定程度上克服了前两个条件目光短浅的问题（只考虑了单一机构的单一移动）。另一种解释是卡特尔理论以非合作解决方案作为起点。

总体联盟（包含所有代理）总是外部稳定的（因为没有非成员）。对于只有两个成员的联盟，内部稳定和有利可图是相同的。

卡特尔的形成可以用章节11.2的线性二次型博弈说明。为简单起见，假设只有两个代理。那么减排的成本是：

$$C_1=\alpha_1 R_1^2;\ C_2=\alpha_2 R_2^2 \tag{11-7}$$

减排的收益是：

$$B_1=\beta_1(R_1E_1+R_2E_2);\ B_2=\beta_2(R_1E_1+R_2E_2) \tag{11-8}$$

非合作解决方案是：

$$R_1^*=\frac{\beta_1E_1}{2\alpha_1};\ R_2^*=\frac{\beta_2E_2}{2\alpha_2} \tag{11-9}$$

合作解决方案是：

$$R'_1=\frac{(\beta_1+\beta_2)E_1}{2\alpha_1};\ R'_2=\frac{(\beta_1+\beta_2)E_2}{2\alpha_2} \tag{11-10}$$

用等式（9-9）减去等式（9-8）[①]，我们发现在合作解决方案中额外的减排等于：

$$\Delta R_1=\frac{\beta_2 E_1}{2\alpha_1};\ \Delta R_2=\frac{\beta_1 E_2}{2\alpha_2} \tag{11-11}$$

因此合作可以理解为实物交易。玩家1进一步减少排放（对玩家1是一种成本），作为回报，玩家2也进一步减少排放（对玩家1有益）。如果收益超过成本，玩家1对合作感兴趣。玩家1愿意增加一些减排量，并从玩家2获得许多额外的减排作为回报。但是，玩家2也希望如此：自己多做一点儿，并希望别人提供更多作为回报。只有双方都做得更好，协议才会达成。因此，稳定的合作需要满足标准：

$$\Delta C_1<\Delta B_1 \wedge \Delta C_2<\Delta B_2 \tag{11-12}$$

对于有N个玩家的联盟，这就变为：

$$\Delta C_1<\Delta B_1 \wedge \Delta C_2<\Delta B_2 \wedge \cdots \wedge \Delta C_N<\Delta B_N \tag{11-13}$$

这是一系列严格的条件。随着越来越多的玩家加入联盟，每个联盟成员都被要求做得更多，使成本增加。收益也会增加，但收益被成员和非成员同样地获得。因此，等式（11-12）意味着卡特尔博弈的一个解决方案：稳定的国际环境协议的签署国很少。

事实上，有另一个解决方案：可能有许多签署国，每一方都承诺无论怎样会比本该做的要多一点。也就是说，国际环境协议要么是广泛而表面的（有许多签署国，但做得不多），要么是深入而有限的（有几个签署国，但做得很多）。无论哪种情况，对全球排放的影响都是有限的。

11.4 跨国联盟****

如上所述，我们用卡特尔理论研究一个单一联盟的形成。如果有利可图、没有人想要离开，并且没有人愿意加入，那么联盟是德·阿斯普勒蒙（d' Aspremont）稳定的。对于跨国联盟我们可以使用类似的组织框

---

① 译者注：原文为(9-9)和(9-8)，译者认为应该分别为(11-10)和(11-9)。

架：如果每个联盟都是有利可图的，没有联盟成员想离开进行非合作，没有非合作成员想加入一个联盟，并且没有联盟成员想转换到另一个不同的联盟，那么这组联盟就是稳定的。

一方面，跨国联盟允许更多的选择，因此你会期望改善福利。另一方面，跨国联盟对均衡施加了额外的约束，即国际联盟的稳定性。对单一联盟没有这种条件，对两个联盟有两个条件，对三个联盟有六个条件，对N个联盟有N（N−1）个条件。这表明解决方案的空间随着联盟数的增加迅速收缩。换句话说，跨国联盟的减排不可能远远多于单一联盟的减排。

两个联盟呢？联盟是同时形成的，但按次序形成的联盟更为直观。假设有大量的玩家。第一个联盟形成，稳定性要求联盟很小，进而留下了大量的非合作的玩家。因此第二个联盟会在与第一个联盟形成时非常相似的条件下形成。因此，第二个联盟也很小。

第三个联盟亦是如此。国际联盟条件的数量是6（3乘以2），因此留给可行的解决方案的空间很小。对于4个联盟，有12个国际联盟条件（依次是4个内部稳定、4个外部稳定和4个有利可图的条件）。因此，解决方案很可能是不可行的。

现在假设玩家的数量很少。第一个联盟形成。形成第一个联盟的影响对其余的、非合作的玩家相对较大。因此，第二个联盟可以尝试差异化。如果开始时玩家很少，两个联盟可以使大部分玩家进行合作。

这是一个自相矛盾的结果：跨国联盟使少数玩家的谈判比更多玩家的谈判更重要。

11.5　国际气候政策**

国际气候政策有很长的具有良好意愿的历史，但是鲜少成功。

人为气候变化由1903年诺贝尔化学奖获得者斯凡特·阿列纽斯（Svante Arrhenius）在1896年列入学术议程。他的分析在几十年内都是教科书的教材，尽管许多气象学家受雇于国家，但是直到1988年，气候变化才被列入政治议程。四年后，联合国气候变化框架公约在里约热内卢通过。

联合国气候变化框架公约于1994年生效。它被所有联合国成员（南苏丹除外）和一些非联合国实体（尤其是欧盟）正式签署。这是意料之中的，因为联合国气候变化框架公约没有包含许多承诺。有四点值得一提。联合国气候变化框架公约建立了一个国际体系来规范和报告温室气体排放的监测。它使得对数据和执行的国际比较成为可能，因此十分重要。联合国气候变化框架公约要求大气中温室气体的浓度保持稳定，这意味着100%地减少二氧化碳的排放（参见第8章）。联合国气候变化框架公约进一步证实气候政策的责任是“共同但有区别”的，这通常表明发达国家应该起带头作用。最后，联合国气候变化框架公约要求各国进行谈判，每年都举办一次大型会议。近年来，参与者的数量数以万计。多年来，更小的、预备的、中间的、委员会和小组委员会的会议数量稳步增长，以至于现在会议要雇用国际气候谈判的全职公务员。

这些联合国气候变化框架公约的会议旨在创建国际气候政策。1995年在柏林，国家间的谈判近乎取得突破。1997年，《京都议定书》在日本京都通过。《京都议定书》证实了两件事：第一，《京都议定书》建立了一套发达国家可以投资于其他的、贫穷国家的温室气体减排的（广泛使用的）系统，一套发达国家间可以进行排放许可国际贸易的（很少使用的）系统；第二，《京都议定书》规定了发达国家2008—2012年的排放目标。遗憾的是，《京都议定书》对国际灵活性机制的使用没有明确的限制，它没有规定排放量，并且没有明确对未完成目标的国家的制裁。

2000年，这些问题在海牙被重新审议，与此同时，时任美国副总统的戈尔急于达成协议以支持其总统竞选。然而，欧盟成员国之间的极力反对致使会议失败。从那以后，欧盟就在国际谈判之前达成共同立场。由于立场是公共的，欧盟事实上已经撤出谈判：欧盟的立场已知并且不变。其他国家不需要与欧盟商谈，因为它们可以提前知晓欧盟的回应。

海牙会议后不久，乔治·W.布什当选美国第43任总统。尽管布什竞选时承诺对温室气体排放征税，但他的第一次执政行为之一就是退出《京都议定书》（未经证实的传闻说这是一个幼稚的政治任命的擅自行动）。随着时间的推移，布什政府对气候政策越来越敌视，或许部分原因是为了回应来自欧洲的激烈反应。抛开总统的立场，参议院也不大可能批准签署《京都议定书》。

2001年，《京都议定书》的收尾工作在马拉喀什进行，其对排放量做了规定（附带对澳大利亚和俄罗斯给予的空气和地球生物大气层之间的二氧化碳通量做了非常充足的说明），但没有对工具的灵活性使用设置限制，并且没有对违反目标的行为做出制裁（或者更确切地说，违反其义务的国家必须弥补差距，一段时间后在未指明的未来义务上加30%）。

经过许多回合的谈判，《京都议定书》在2005年俄罗斯签署后才生效（《京都议定书》没有强制义务）。澳大利亚和加拿大对自己的承诺一直模棱两可。实际上，《京都议定书》是欧盟和日本之间的条约。在缺乏国际条约的情况下，二者都致力于气候政策，因此《京都议定书》既有限又表面（与卡特尔理论预测《京都议定书》要么有限要么表面相反）。

2007年以后，各国一直努力协商《京都议定书》接替协议。《京都议定书》在2013年还没有失效，但其减排目标已经超过时限。各国2007年在巴厘岛商定了一个路线图。人们对2009年哥本哈根会议的期望很高，但失望更大。各国2010年在坎昆约定继续商谈，2011年在德班也约定继续谈判，2012年在多哈商定了另一个路线图。

总之，气候政策的国际谈判证明关于提供全球公共物品的协议很难达成一致。到目前为止，体现官方兴趣的尝试仍在继续，但很可能未来的谈判将像过去的谈判一样徒劳无功。

延伸阅读

Joseph Aldy和Robert Stavins的论文Post-Kyoto International Climate Policy: Implementing Architectures for Agreement（2010），以及Scott Barrett的论文Why Cooperate? The Incentive to Supply Global Public Goods（2010）是关于国际气候协议的优秀论文。Richard Benedick的著作Ozone Diplomacy: New Directions in Safeguarding the Planet（1998）很好地

介绍了国际环境谈判的现实政治。David Victor的论文Global Warming Gridlock: Creating More Effective Strategies for Protecting the Planet（2011）进一步研究了国际气候政策。

IDEAS/RePEc对这个主题有精选书目，参考网址：http://biblio.repec.org/entry/tdi.html。

练习

11.1 正如第11章第3节所讨论的，“搭便车”行为是关于大联盟的评估。计算全面合作和完全不合作之间的成本和收益差异。

11.2 将第11章第4节两个玩家的博弈用埃奇沃斯盒状图（Edgeworth Box）进行描述。

11.3 对于第11章第4节两个玩家的二次型博弈，两者都从博弈合作中产生成本和收益，其是如何随α和β不同而变化的？解释结果。

11.4 假设1995年柏林的联合国气候变化公约的第1次缔约方会议（COP）有50%的概率会成功。假设每次缔约方会议都是独立的尝试。2013年华沙的第19次缔约方会议（COP19）成功的概率是多少？

11.5 阅读与讨论

- **A. Michaelowa and F. Jotzo (2006)，‘Transaction costs, institutional rigidities and the size of the clean development mechanism’，Energy Policy，33，511–523.
- **M. Wara (2007)，‘Is the global carbon market working?’，Nature，455，595–596.
- **M. Wara (2008)，‘Measuring the Clean Development Mechanism's performance and potential’，UCLA Law Review，55 (6)，1759–1803.
- ***J.C. Murdoch and T. Sandler (1997)，‘The voluntary provision of a pure public good: The case of reduced CFC emissions and the Montreal Protocol’，Journal of Public Economics，63， 331–349.

- ***S. Barrett (2008), ‘Climate treaties and the imperative of enforcement’, Oxford Review of Economic Policy, 24 (2), 239–258.
- ****D. Osmani and R.S.J. Tol (2010), ‘The case of two self-enforcing international agreements for environmental protection with asymmetric countries’, Computational Economics, 36 (2), 93–119.
- ****A.M. Ulph and D.J. Maddison (1997), ‘Uncertainty, learning and international environmental policy coordination’, Environmental and Resource Economics, 9, 451–466.
- ****S. Barrett (2006), ‘The strategy of trade sanctions in international environmental agreements’, Resource and Energy Economics, 19, 345–361.

［第12章］

适应性政策

微博专栏

- 人们适应气候变化，减少消极影响，并且增加积极影响。
- 适应气候变化降低了减缓气候变化的必要性，减缓气候变化降低了适应气候变化的必要性。
- 减缓气候变化要求国际合作，适应气候变化则没有这个要求。事实上，大多数的适应性是局部的和个体的。
- 除官僚和顾问参与外，国际干预适应已经过时了。
- 总的来说，国际适应性政策忽略了几十年政策发展的经验教训。
- 大多数适应行为是个体的，如在高温天气穿衣防晒。某些适应行为是集体的，如午休。
- 一些适应行为需要监管，如在高温天气允许人们进入有空调的购物中心。
- 一些适应涉及公共部门，如在高温天气下的医疗保健或农业推广服务。
- 几乎没有适应是公共的。海岸保护和共享水资源是例外。
- 公共部门可能会阻碍适应性，如农业补贴将农民局限在过去的行为中。
- 不确定性是长期水利基础设施的一个主要问题。适应要求更稳健和更灵活。
- 在某些地域，系统变化比气候变化更快，并且适应是众多变化之一。

12.1　适应与减缓**

适应包括使气候变化的消极影响不那么糟，积极影响更好，甚至把消极影响变成积极影响的任何行为。从个体到联合国的各级制定决策都会存在适应问题。从几秒到几千年，在所有时间尺度上都会发生适应。一些适应是为了应对过去的气候变化，另一些适应是由于预期未来的气候变化。

适应旨在使气候变化不那么糟糕。因此，适应降低了对减排的需求。反之亦然，减排导致更少的气候变化，因此减缓降低了对适应的需求。所以，气候变化的适应与减缓是政策替代品。对其中一个做得越多，对另一个做得越少。

注意，有些人将替代和互补与角点解（corner solutions）和内点解(interior solutions)混淆了。因为气候变化不能完全避免，政策融合了适应与减缓。但是，这并不意味着适应与减缓是互补的。

长期以来，适应在政策议程上都排在后边。这主要是因为政策制定者关注温室气体减排，并认为讨论适应无异于承认失败。现在这一切都变了。当前决策层广泛接受气候变化不能完全避免（这在学术界从来没有任何怀疑）。鉴于有效的减缓取决于其他国家的行为，而适应鲜少如此，随着在排放目标上达成国际协议的困难越来越明显，注意力已经被转移到适应上来。

许多政府已经制订了国家适应计划。事实上，在联合国气候变化框架公约下它们有义务这样做。对于帮助贫困国家发展本国的适应计划，有资金和技术的支持。正在发展的多边适应基金可以为贫困国家的适应计划提供联合贷款，此外，也可以通过开发银行系统资助贫困国家的适应计划。

这些资金已经成为顾问的财源。下一节将讨论适应气候变化是否是一种公共物品，并值得政府干预。

12.2 政府在适应性方面的任务**

气候变化的影响多种多样。适应是为了改变这些影响，因此，适应也是多种多样的。下面我们讨论几个实例，而不是泛泛而谈。

第一个实例是气候变化会使得高温天气越来越普遍。在炎热的天气，你应该穿浅色衣服、不要对自己施压、避免暴晒并多喝些东西（但不要是酒精)。这就是适应，但这是个体的。人们了解这一点，并且通过适当的激励机制来采取这些措施。政府计划没有必要告诉你外面很热，不要穿冬天的大衣（但是，父母应该告诉孩子)。

适应高温天气的问题也存在集体要素。在一天中最热的时间进行午睡，并且将主餐定在夜晚很有道理。当社区里的每个人都同样做时，这些事情就更加容易安排。然而，政府没有必要告诉你应该什么时候吃晚餐。

政府可能通过宣传活动帮助不知情的人群处理极端高温（尽管这些活动并不总是有效)，但是政府没有干预的必要。

然而，适应高温天气的问题还存在一些公共要素。在2003年的高温天气中，法国有超过40 000人死亡。当时许多医疗专业人员都在度假，政府没有把他们叫回来的程序，有权变更程序的人也在度假。购物中心有空调，但是安全人员会让那些寻求从炎热中解脱而不是来购物的人离开。在犯罪猖獗的社区街上没有额外的警察，人们由于害怕不敢打开窗户（注意，在炎热天气下，暴力和性犯罪更为常见)。穷人没有钱来支付使用风扇的电费，并且政府在高温天气时也不会免除电费。显然，政府需要扮演个体适应的推动者、监管者和服务提供者的角色。

第二个实例是农业。气候变化会影响作物产量。农民可以以多种方式进行调整。种植和收获的日期可能被改变，农药、肥料和灌溉的应用也可能被改变。农民可能种植不同的品种或不同的作物，或者寻找另一种谋生方式。种子公司及扩展服务可以通过建议的方式支持农民。由于其他选择会使收入下降，因此，适应符合农民的自身利益。

对于健康和高温，政府的作用是有限的。扩展服务通常都是国家持有并运营的（即使没有提供公共物品），大规模的灌溉也是如此。在其他方面，政府阻碍适应。进口关税扭曲国际贸易，且阻碍有比较优势的行业的专业化。同样，补贴也扭曲市场，以牺牲他人为代价对特定行为给予奖励，并且屏蔽了农民的市场信号。在欧盟，对弱势地区的补贴十分慷慨，也就是说，这些补贴鼓励农民在错误的地方种植错误的东西。这里，政府能为适应做的最好的事就是退出。

第三个实例是海平面上升。这里有适应的个体因素。政府不需要告诉游客由于海平面上升，海滩被侵蚀，他们不能在海滩上晒日光浴。除此以外，海岸是一种公共物品。除非与相邻地段的规划相协调，否则过多的保护是无效的或者是非常昂贵的。很多内陆地区受益于海滨地段的保护，因此应该对海岸保护的成本做贡献。信息不对称证明对建筑进行规范（为了帮助抵御风和水）和对土地进行分区是合理的。在适应性方面，政府应该率先示范。

12.3　适应与发展**

第6章认为贫困国家往往更容易受到气候变化的影响，原因包括其经济结构和欠缺的适应能力。因此，经济发展是适应性政策的重要组成部分。

如上所述，当前富裕国家和多边组织对贫困国家的适应计划进行了资助，否则，这些资金也会被用于发展援助。减缓气候变化“挤出”官方发展援助已经有一段时间了，参见图12-1。这里存在两个问题。第一，适应通常是私人物品，因此外部资金“挤出”内部资金。适应的外部资金实际上是收入转移——由于资金来自发展援助，因此，效果为零。

第二，为了适应气候变化，普通发展援助被具体发展援助“挤出”。适应可能不是发展的首要任务，并且适应资金可能分配不当。一部分适应资金被理解气候变化及其影响的人控制，但是，他们不一定了解发展。

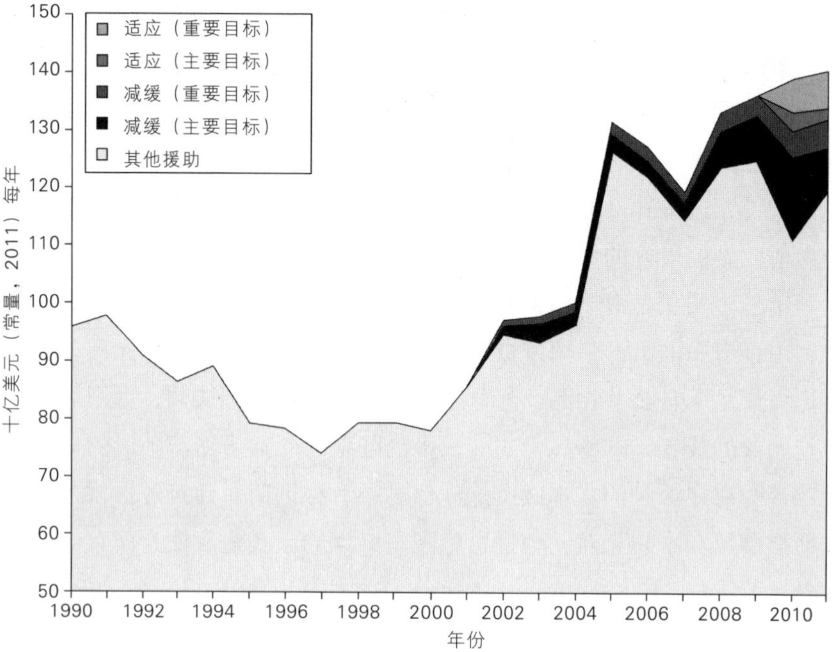

图12-1 官方发展援助总额和以适应和缓解为主要目标和重要目标的援助

由于资金分配需要官方批准，因此适应的国际资助被指定用于明显是适应的项目。修建堤坝和挖掘灌溉水渠明显属于适应的方式，但与20世纪五六十年代主导经济发展的范式相类似。因而，欠发达被认为等同于资本不足，且发展援助聚焦在基础设施项目上。现在我们已经知道这种观点是错误的。提供关于未来气候的信息显然是适应的另一种方式。西方国家利用卫星操作、数据库和模型来帮助非洲农民在作物选择和作物管理上做出更好的决策。但是，有人会说土地安全对非洲农业的改善贡献更多，而且能比天气预报做得更好。

12.4 如何适应**

上面给出了大量的如何适应气候变化的例子。在大多数情况下，适应气候变化和适应任何变化都一样。在许多系统中，气候变化比其他驱动因素更慢，所以适应气候变化不会提出任何特殊的挑战。

这里有两个例外。长期投资将不得不承受更大范围的气候变化。模型对世界上很多地方变化的迹象存在争论，未来的降水尤其不确定。因此，水利基础设施的长期投资必须对未来可能发生的任何事做好准备。

这样做的方法有两种：使投资更加稳健，或使投资更加灵活。额外的稳健性需要基础设施可以在更大范围的天气条件下工作。如果改变的迹象已知，这就相对简单（但很昂贵），如应该提高海堤。我们已经知道未来海平面有上升的迹象，但上升的程度是不确定的。做好海平面上升速度很快的准备并且将海堤提高到超过它可能必要的高度是有道理的。这是因为海堤加固有高额的固定成本（如规划许可、运输中断），但可变成本相对较低（如材料、劳动力）。

如果变化的迹象未知，那么额外的灵活性可能更合适。额外的灵活性要求基础设施可以根据需要扩大或缩小规模。由于设计和材料要更加先进，这也是一种成本。例如，许多小的水库比一个大的水库更加灵活，因为，总存储容量可以通过调试其中一个水库来增加或减少。可移动的水坝和充气的障碍物可以仅仅在需要时用来阻止水流。滞洪区可以用来临时存储额外的水。具有这些特性的基础设施设计在面对一个不确定的未来时可以带来溢价。

延伸阅读

政府间气候变化专门委员会的第二工作组每六年发布一次对气候变化适应和影响的评估。这些评估信息按照几个层次发布：针对政策制定者的高信息强度摘要，具有更多细节的技术性摘要，以及针对大众的包含多个章节的有许多细节与文献信息的报告。这些报告可以在网址http://www.ipcc.ch/上找到。

IDEAS/RePEc对这个主题有精选书目，参考网址：http://biblio.repec.org/entry/tdj.html。

练习

12.1　考虑一个寻求最大化其消费的经济主体：

$$\max_{A,R} Y - \alpha I(1-A)(1-R) - 0.5\beta A^2 - 0.5\gamma R^2 \quad (12-1)$$

Y是收入，I是货币化影响，A是适应，R是减排；α 、β 和 γ 都是参数。适应的最佳水平是什么？减排的最优水平是什么？如果减排为零，这将如何影响最佳适应？如果适应为零，这将如何影响最佳减排？

12.2　假设练习12.1的代理收到了捐赠为D的适应资金。这将如何影响他的决策？

12.3　阅读与讨论

- **S. Fankhauser, J.B. Smith and R.S.J. Tol (1999), 'Weathering climate change: Some simple rules to guide adaptation decisions', *Ecological Economics*, 30 (1), 67–78.
- **K.A. Miller, S.L. Rhodes and L.J. MacDonnell (1997), 'Water allocation in a changing climate: Institutions and adaptation', *Climatic Change*, 35, 157–177.
- ***E.T. Mansur, R.O. Mendelsohn and W. Morrison (2008), 'Climate change adaptation: A study of fuel choice and consumption in the US energy sector', *Journal of Environmental Economics and Management*, 55, 175–193.
- ***K.C. de Bruin, R.B. Dellink and R.S.J. Tol (2009), 'AD-DICE: An implementation of adaptation in the DICE model', *Climatic Change*, 95 (1–2), 63–81.
- ****R. Hasson, A. Lofgren and M. Visser (2010), 'Climate change in a public goods game: Investments decision in mitigation versus adaptation', *Ecological Economics*, 70 (2), 331–338.
- ****R.O. Mendelsohn (2000), 'Efficient adaptation to climate

change’， *Climatic Change*， 45 (3–4)， 583–600.

- ****D.L. Kelly， C.D. Kolstad and G.T. Mitchell (2005)， ‘Adjustment costs from environmental change’， *Journal of Environmental Economics and Management*， 50， 468–495.

[第13章]

建立综合评价模型

13.1　引言

在这一章中，我们将构建一个综合评价模型，该模型综合了自然科学和气候问题的经济方面以便帮助政策选择。在Excel中建立模型，所有人都有权访问Excel，并且大多数人都很熟悉Excel环境。模型通过12个步骤建立完成，分别对应第2节~第13节。这里需要的数据可在网址https://sites.google.com/site/climateconomics/mliam中找到。

在同一网站上，有一个Matlab版本的相同练习。这里不进行详细说明，因为下面对Excel的说明能够满足会用Matlab程序者的需求。

13.2　碳循环和气候

我们从两个模型开始：一个碳循环模型和一个气候动力学模型。

碳循环模型的输入（或推动）是每年排放的二氧化碳，以Mt碳（1Mt=1百万吨碳）为单位。碳循环模型的输出是大气二氧化碳浓度，以ppm（百万分之一）为单位。

气候模型的输入（或推动）是大气二氧化碳浓度，也是以ppm为单位。气候动力学模型的输出是年平均气温比前工业时代增加的温度，以°C为单位。

这两个模型通过大气二氧化碳浓度相联系，即碳循环模型的输出是气候动力学模型的输入。

13.2.1　碳循环模块

碳循环模型是一个简单的五盒模型。五个盒子不对应任何物质世界的因素，作为从更为复杂的模型中得到的一个整体模拟结果，它们是一个数学抽象结果。在这个模型中，所有的大气二氧化碳浓度存在于其中的一个盒子里。如果你想计算某一时间点总的大气二氧化碳浓度，你只需在每个盒子中都添加二氧化碳。随着时间的推移，二氧化碳在每个盒子中以不同的速率消失。每年大气中都增加新的人为排放的二氧化碳。在五盒模型中，这些每年新涌入空气中的二氧化碳都以固定的份额分配到五个盒子中：13%进入第一个盒子，20%进入第二个盒子，32%进入第三个盒子，25%进入第四个盒子，余下的10%进入第五个盒子。

因此，有五个变量代表了这五个盒子，并且这些变量每年的取值不同。在 t（取值从1750到2008）时刻用来计算盒子 i（取值为从1到5）中的二氧化碳量的公式为：

$$Box_{i,t}=\alpha_i Box_{i,t-1}+\gamma_i \beta E_t \tag{13-1}$$

公式中：$Box_{i,t}$ 是 t 时刻 i 盒子的二氧化碳总量，以ppm为单位（译者注：原文如此。实际应是以Mt碳为单位）。α_i 是盒子 i 中二氧化碳的份额，其一直留在空气中直到下一时间段（$1-\alpha_i$ 是每年从盒子 i 中消失的二氧化碳的份额）。γ_i 是进入盒子 i 的排放份额。β 是一个单位转换因素：在我们的模型中，二氧化碳以Mt碳为单位，但是大气二氧化碳浓度以ppm为单位，β 将单位Mt碳转化为 CO_2 ppm浓度。E_t 是第 t 年全球二氧化碳的总排放量，以Mt碳为单位。

排放量 E_t 的值由一个Excel文件提供。你应该对 α_i 和 γ_i 使用以下值：

$\gamma_1=0.13$	$\gamma_2=0.20$	$\gamma_3=0.32$	$\gamma_4=0.25$	$\gamma_5=0.10$
$\alpha_1=1$	$\alpha_2=\exp(-\frac{1}{363})$	$\alpha_3=\exp(-\frac{1}{74})$	$\alpha_4=\exp(-\frac{1}{17})$	$\alpha_5=\exp(-\frac{1}{2})$

$Box_{1,1750}=275$ ， $Box_{i,1750}=0$ ； $\beta=0.00047$

碳循环模型的最后一个步骤是计算每一个时间点的大气二氧化碳浓度：

$$C_t=\sum_{i=1}^{5}Box_{i,t}=Box_{1,t}+Box_{2,t}+Box_{3,t}+Box_{4,t}+Box_{5,t} \tag{13-2}$$

C_t 是 t 时刻大气二氧化碳浓度，是 t 时刻五个盒子的简单加总。

13.2.2 气候模块

气候模型有两个部分：第一部分计算大气中的额外能量和长期升温效应；第二部分计算期内每年气温的上升。

由二氧化碳浓度上升产生的额外能量的数量被称为辐射强迫，用 W/m^2 来测定，计算公式为：

$$F_t=5.35\ln\frac{C_t}{C_{pre}} \tag{13-3}$$

式中 F_t 是 t 时刻由二氧化碳引起的辐射强迫，单位为 W/m^2 。 C_t 是 t 时刻大气二氧化碳浓度，单位是ppm，按前面讲到的方法计算。 C_{pre} 是前工业时代水平的大气二氧化碳浓度，这里应该用275ppm。 $\ln(x)$ 是自然对数。

模型的下一步是计算全球平均地表气温。计算公式是：

$$T_t^A=T_{t-1}^A+\lambda_1(\lambda_2F_t-T_{t-1}^A)+\lambda_3(T_{t-1}^O-T_{t-1}^A) \tag{13-4}$$

式中 T_t^A 是全球平均地表温度的增加； $\lambda_2=1.15$ 是一个参数； $5.35\lambda_2\ln(2)=4.26$ 是气候敏感性，由于大气二氧化碳浓度加倍而引起均衡升温； $\lambda_1=0.0256$ 是决定大气对实际温度和均衡温度偏差的反应速度参数； $\lambda_3=0.00738$ 是决定大气对大气和海洋温度偏差的反应速度参数； T_t^O 是海洋温度，它遵循：

$$T_t^O=T_{t-1}^O+\lambda_4(T_{t-1}^A-T_{t-1}^O) \tag{13-5}$$

$\lambda_4=0.00568$ 是决定海洋对大气和海洋温度偏差的反应速度参数。

13.2.3 练习

练习1：如果模型中二氧化碳排放量保持在2008年的水平，预计气温会怎样？如果二氧化碳排放量每年增长2%会怎样？提示：引入二氧化碳排放的年增长率作为参数。保存计算结果是有价值的。

练习2：为了到2300年使全球变暖低于2℃，从2008年起我们需要投入多少来减少排放？在接下来的300年呢？

练习3：如果排放以每年2%的速率增长，直到2030年，然后每年以固定的百分比减少，现在每年必须减少多少才能使2300年全球变暖低于2℃？在接下来的300年呢？

13.3　方案

需要在综合评价模型中添加两个模型：一个是排放模型，用于计算随时间推移的人为二氧化碳排放量；一个是增长模型，用于预测经济增长。二者都分为三个区域：富裕区域、中等收入区域及贫困区域。

排放模型的输出代替了第2节中碳循环模型中的任意排放情景。也就是说，你需要计算排放量，并且将碳循环模型与排放模型联立起来，而不是使用数据文件提供的排放量。用增长模型计算产出或GDP，并将其作为排放模型的输入之一。

13.3.1　排放模型

排放模型以Kaya方程为基础：

$$M^*_{r,t}=P_{r,t}\underbrace{\left(\frac{Y_{r,t}}{P_{r,t}}\right)}_{\text{单位GDP}}\underbrace{\left(\frac{E_{r,t}}{Y_{r,t}}\right)}_{\substack{\text{产出的}\\\text{能源强度}}}\underbrace{\left(\frac{M^*_{r,t}}{E_{r,t}}\right)}_{\substack{\text{能源的}\\\text{排放强度}}} \tag{13-6}$$

$M^*_{r,t}$是t时刻区域r的工业二氧化碳排放量，以Mt碳为单位，$P_{r,t}$是t时刻区域r的人口数，$Y_{r,t}$是t时刻区域r的产出（或GDP），$E_{r,t}$是t时刻区域r的主要能源利用情况。

数据文件中有1960—2010年的人口数量。如果我们假设，从2011年开始，人口增长率等于前一年的人口增长率乘以0.95，那么世界人口稳定在85亿左右。

数据文件中也有1960—2010年的产出，可以计算人均产出及其增长率。现在，假设人均产出以2010年的速度继续增长。计算2011—2300年的总产出。

数据文件中还有1960—2010年的主要能源利用情况，但是，有些地区的能源利用情况的数据时间序列较短。计算能源强度及其增长率。假设能源强度以整个观测时期的平均速率持续下降，计算2011—2300年总的主要能源利用情况。

最后，数据文件中有1960—2008年的二氧化碳排放量。计算碳强度及其增长率。假设碳强度以整个观测时期的平均速率持续下降。计算2009—2300年总的二氧化碳排放量。

假设没有实施特定的气候政策，至此，我们计算了工业活动的排放量，但是，方案中的经济部分还需要进行完善。

13.3.2 增长模型

建立一个简单的增长模型——索洛模型——取代上面排放模型中的产出。

通过三要素生产函数获得某一特定年限的产出。三要素是：资本的数量（即工厂、机器等），劳动力的数量（在我们的例子中等于人口规模），以及技术进步（也叫全要素生产率，即衡量如何有效利用资本和劳动力的投入来进行生产）。这里使用的生产函数被称为柯布-道格拉斯生产函数。它具有以下形式：

$$Y_{r,t}^{G}=A_{r,t}K_{r,t}^{\alpha}P_{r,t}^{1-\alpha} \tag{13-7}$$

$Y_{r,t}^{G}$ 是t时刻地区r的毛产出（我们在章节13.4讨论为什么叫“毛”产出），单位是万亿美元。$A_{r,t}$ 是t时刻地区r的全要素生产率，$K_{r,t}$ 是t时刻地区r可用于生产的投资，$P_{r,t}$ 是t时刻地区r可用于生产的人口，以万亿美元衡量。参数 $\alpha=0.2$ 为资本贡献份额。

建立资本存量模型的方式与建立大气二氧化碳浓度模型的方式类似：假设有一个新的资本流入（如修建新厂房和机器），并且有一些资本随时间损坏，因而产生资本流出。资本存量的流量方程为：

$$K_{r,t}=(1-\delta)K_{r,t-1}+I_{r,t-1} \tag{13-8}$$

$\delta=0.1$ 是资本折旧率。$I_{r,t}$ 是投资，用来测定每年新资本的形成。

第t年用于新资本形成的投资数量模型是：

$$I_{r,t}=sY_{r,t} \tag{13-9}$$

$s=0.2$为储蓄率。

如同所有的流量方程，等式（13-8）不能用来计算初期资本存量的水平。相反，我们在其稳定状态对其初始化：

$$K=(1-\delta)K+sAK^{\alpha}P^{1-\alpha}\Leftrightarrow\delta K=sAK^{\alpha}P^{1-\alpha}\Leftrightarrow\delta K^{1-\alpha}=sAP^{1-\alpha}\Leftrightarrow K=(\frac{sA}{\delta})^{1/1-\alpha}P \tag{13-10}$$

我们通过统一口径计算全要素生产率的初始水平。从数值1开始不断测试，直到模拟产出等于1960年的实际产出。与此相对应，使用Excel中的求解程序（见章节13.9），找到使测试值与产出值之差为零时的全要素生产率数值。

假设全要素生产率在1960—2010年间以一个恒定速率增长。以2%的数值开始，使用求解程序找到确保2010年的模拟产出等于实际产出的增长率。

对于2011—2300年，假设全要素生产率等于此前时期的全要素生产率乘以0.99。

13.3.3　合成

此时，我们可以把增长模型与其他模型合成起来。首先，替换人均收入的主观增长率，让总产出每次都按索洛模型增长，那么人均收入自然也会随之变化。

其次，将主导碳循环模型的排放增长速度设置成与模拟排放的增长速率一致。

13.3.4　练习

分解模型方案中气候变化的主要驱动因素，并根据对未来气候变化的相对贡献进行排序。

首先，在模型中添加一个时段。将2301年的方程进行安全存储。将2011—2300年间的方程变成2031年的方程，保存结果。复制2301年的方程，将其变回2011—2300年间的方程。

然后，复制和粘贴练习表中的全球平均气温值，假设人口冻结在

2010年的水平上。将结果存储在练习表中。使人口数据恢复到其情景方案值。随着人均收入冻结、能源强度冻结及碳排放强度冻结，重复这一练习。

简要描述这些变化对平均气温的影响，并将它们按影响的大小进行排序。

13.4 减排

章节13.3的排放模块缺少对温室气体减排的选择。为了使模型具有减排选择性，我们将引入一个所谓的选择变量：排放控制率。这是一个新类型的变量。情景方案变量是外部驱动因素，状态变量是由一些方程计算获得。与它们不同，选择变量是为了使我们的模型找到一个“合适的”值。排放控制率就是这样一个选择变量。我们想要使用这个模型计算出为了达到一个给定的目标（通常这一目标将兼顾减排的成本和收益）我们每年应该减少的二氧化碳排放量。现在，在Excel电子表格中列入新的选择变量一列，每年都会有一个值，并且可以设置初始控制率为0%（如，没有气候政策）。将排放控制率指定为 $R_{r,t}$ 。

因此，排放的最终方程为：

$$M_{r,t}=(1-R_{r,t})M^{*}_{r,t} \tag{13-11}$$

在整个模型中，假设碳政策的成本较高，所以 $R_{r,t}$ 大于0%的任何一个选择都将产生经济负担。通过一个简单的函数，我们可以计算经济成本的相对大小，这也被称为相对减排成本。

$$B_{r,t}=\beta R^{2}_{r,t} \tag{13-12}$$

$B_{r,t}$ 是 t时刻气候政策的相对成本， $\beta=0.1$ 是一个参数。

除了 $B_{r,t}$ ，应该在Excel表格中添加另一个变量来计算气候政策的成本，单位是万亿美元。

我们将目前为止的产出称为毛产出是因为它不包含气候政策的成本。包含减排成本的净产出方程如下：

$$Y_{r,t}=(1-B_{r,t})Y_{r,t}^{G} \tag{13-13}$$

所以，这个方程考虑来自排放模型控制变量的影响，那么减排的绝对成本就是 $B_{r,t}Y_{r,t}^{G}$。

13.4.1　练习

练习1：在2015—2399年间， $R_{r,t}$ 在0%、5%和10%间取不同值。排放、浓度和温度会怎样变化？这些政策的成本是什么？

练习2：计算边际减排成本（提示：将方程（13-11）和（13-12）代入方程（13-13），作为相对减排成本函数来计算总的减排成本。重新调整β参数使得单位一致。然后对总排放成本取一阶偏导数）。如果三个区域的减排成本相等，并且全球减排5%或10%，那么区域减排率是多少？仅在2015—2020年这样做，并且在其他地方保持统一的减排。强制进行减排，与前一个练习比，成本有什么不同？

练习3：在前面的练习中，你计算了每一阶段对于一个给定的减排目标的边际减排成本。保持第一阶段的边际减排成本不变，并计算使边际减排成本随贴现率上涨的后一阶段的减排量。影响排放、浓度和温度的是什么？为保证2100年的气温与第一个练习中的气温相同，改变阶段1的减排量，成本有什么不同？

13.5　许可证

为了模拟排放许可的国际市场，需要在模型中添加一个要素。

如上所述，每个地区面临的减排成本函数针对相对减排是二次型的——见方程（13-12），针对排放许可购买和销售是线性的：

$$B_{r,t}=\beta R_{r,t}^{2}Y_{r,t}+\pi P_{r,t} \tag{13-14}$$

每个地区都有一个排放目标 T_i，并且通过选择最优内部减排和许可销售最小化减排成本。假设在排放许可方面有一个国际市场，所有公司都是价格接受者—— $\frac{\partial \pi}{\partial R}=0$ ——并获得市场均衡。在Excel模型中实施。

13.5.1 练习

练习 1：假设 μ_t 是 5%或 10%。这设定了许可证的初始分配。实施许可证贸易后总的减排成本和边际减排成本会怎样？这与税收的解决方案相比如何？

练习 2：假设最贫困的地区没有减排义务，中等收入地区有一半的减排任务。增加富裕地区的减排义务使得全球排放与上面相同（提示：富裕地区的排放目标遵循全球目标和其他两个地区的目标）。没有排放许可交易时，边际成本和总成本是多少？有排放许可交易时呢？这与前面的练习相比怎么样？

13.6 气候变化的影响

我们在模型中对气候变化的影响添加一个要素，需要修改增长模型以获得对气候影响的估算。通过这个要素，就可以得到一个模型，它能够在对气候变化政策做成本收益分析时提供所需要的所有估算。

13.6.1 影响模型

影响模型很简单。假设以产出百分比表示在给定年限由于温度上升带来的损失：

$$D_t = \psi_1 T_t + \psi_2 T_t^2 + \psi_6 T_t^6 \qquad (13-15)$$

D_t 是 t 时刻以单位产出百分比表示的影响；T_t 是 t 时刻高于前工业时期水平的全球平均气温，单位为 ℃；ψ_1、ψ_2 和 ψ_6 是需要设置的参数：

	模型 1			模型 2		
地区	富裕	中等	贫困	富裕	中等	贫困
ψ_1	5.88	3.57	1.96	0	0	0
ψ_2	−2.31	−1.70	−1.26	0.5563	0.2561	0.0655
ψ_6	0	0	0	−0.0113	−0.0106	−0.0101

可以使用之前建立的气候动力学因素中的温度。

13.6.2　增长模型

要使循环闭合，需要修改净产出模型的方程，不仅要从毛产出中减去减排成本，而且要减去刚刚加入模型的由气候变化引起的损失。你必须自己计算出净产出的精确新方程。考虑一下如何从毛产出中减去减排成本，并尝试对气候变化的影响采取相同做法。

模型中最后添加的是两个变量：消费（万亿美元）和人均消费（美元/每人）。消费方程很简单：一旦从毛产出中扣除减排成本、气候变化引起的损失和资本存量的投资，剩下的余值都可以用于消费，因此它等于消费。人均消费可以通过用消费除以人口来计算。但是，要注意单位。

最后但并非最不重要的是，在回答政策问题时，确保排放模型和经济增长模型能够合成（通过设置转换到正确的值）。

13.6.3　练习

练习1：对于模型1，找出从哪一年开始从四个不同政策中得到的人均消费变为净增加。你分析的政策应以排放的不断减少进行分类，如每年减少相同的百分比。分析的四个政策的减排比例分别为5%、10%、15%和20%。对于每一个政策，都计算与没有政策的情景相比，每年的人均消费如何变化。对于每一个政策，计算出从哪一年开始实施政策的人均消费高于没有政策的人均消费。

练习2：绘制一个四个政策引起人均消费变化的图，一个减排成本相当于产出的百分比的图，一个气候变化损失相当于产出百分比损失的图。三个图的水平轴都应该是年份。第一个图的竖轴应该是人均消费变化的百分比，第二个图和第三个图的竖轴是产出百分比。在每个图中每一个政策都应该对应一条线。

练习3：重复第一个练习，但是参数换成模型2中的 ψ_1 、 ψ_2 和 ψ_6 。

13.7　社会碳成本

现在我们可以使用模型来计算社会碳成本（SCC）。社会碳成本是由当前额外排放1吨碳产生影响的净现值。

计算SCC的一般对策如下：运行模型两次。第一次运行（基准运行）与我们一直使用的模型设置完全相同。第二次运行应该假设在2015年在大气中额外排放1吨碳。因此，第二次运行的结果是（边际运行）大气将会稍微变暖，并且由气候变化引起的损失会变得略大。

然后计算每年基准运行和边际运行损失之间的差值，单位是美元，我们称之为“边际损失”。换言之，这就是当前额外排放1吨碳引起的额外损失的时间序列。

下一步是计算边际损失的净现值。这是一个简单的步骤：只需要将每年的边际损失乘以当年的贴现因子，得到一个新的时间序列，即边际损失的净现值。你会根据不同贴现方案来进行计算，后面会对此进行详细描述。所以在实际运算中，会得到每个方案贴现因子的单独时间序列，以及每个方案边际损失净现值的单独时间序列。

最后一步是对每个贴现方案在整个计算期内的边际损失净现值进行估算。每个贴现方案将得到一个数值，这个数值被称为社会碳成本。

13.7.1 练习辅导

你应该首先为排放、浓度、温度和影响添加纵列，注意，只是简单地添加排放等各项内容，即不要试图修改Kaya方程。你应该忽视对经济增长的差额反馈，按照现状继续保持增长。这使得规划更加简单，并且可以避免福利分析的一些潜在问题。

13.7.2 贴现因子

我们总共会使用六个不同的贴现因子的时间序列，得到六个不同的社会碳成本的估算。我们将其分成两组：前三个基于一个常数贴现率，后三个基于拉姆齐规则。

对于常数贴现率，贴现因子的方程是

$$DF_t^c = \frac{1}{(1+r^c)^t} \tag{13-16}$$

DF_t^c是时间步长t的贴现因子。注意，这里的t不是年，而是从模型开始计算的时间步长，因此t=0对应2015年，t=1对应2016年，以此类推。

r^c是贴现率。我们应该基于常数贴现率方法使用三个不同的贴现率：2%、3%和5%。这三个贴现率构成了前三个贴现模型。

拉姆齐贴现率更为复杂一些。因为每年的贴现率取决于当年的人均消费增长率，首先需要计算每年的拉姆齐贴现率：

$$r_t^r = \rho + \eta g_t \tag{13-17}$$

r_t^r是t年的拉姆齐贴现率，ρ是纯时间偏好率（prtp），η是风险厌恶率，g_t是时间从t=1年到t年的人均消费增长（因此$g_t = \frac{c_t - c_{t-1}}{c_{t-1}}$，$c_t$是$t$年全球人均消费）。根据拉姆齐贴现率的定义不能计算出第一年的拉姆齐贴现率，因此，只能计算出第二年和所有随后年份的拉姆齐贴现率。

拉姆齐贴现因子的方程是：

$$DF_t^r = \prod_{s=0}^{t} \frac{1}{1 + r_s^r} \tag{13-18}$$

将此方程直接输入到Excel中很复杂，可以用数学上的等价递归公式替代：

$$DF_t^r = \frac{DF_{t-1}^r}{1 + r_t^r} \tag{13-19}$$

此式给出了除第一年之外的所有贴现因子。第一年的贴现因子是定义出来的：$DF_0^r = 1$。

基于拉姆齐方程计算三个不同的贴现模型，对纯时间偏好率取三个不同的值：0.1%、1%和3%。

13.7.3　练习

练习1：计算六个可替代贴现率和两个可替代模型的社会碳成本。

练习2：如果实施碳政策，社会碳成本会变吗？初始设置计算了假设没有气候政策的社会碳成本。我们也可以问这样一个问题：如果从2015年开始我们已经减少排放，如减少5%和10%，那么如果我们额外减少一吨排放会造成多少额外损失？只对高贴现率和模型1做此练习。

练习3：取不同的气候灵敏值，社会碳成本如何变化？IPCC声明二氧化碳浓度翻倍的均衡增温很可能在2°C到4.5°C的范围内，最佳估算是3°C。注意在章节13.2，我们通过校正得到了一个4.26°C的气候灵敏值。

我们用来计算均衡增温的方程是：

$$\Delta T_t = \lambda \times 5.35 \ln \underbrace{\frac{C_t}{C_{pre}}}_{\text{对于一个翻倍浓度这是2}} \tag{13-20}$$

通过插入从IPCC获得的数值得到λ（模型中的气候灵敏性参数）并计算λ：

$$3° = \lambda \times 5.35 \ln 2 \Rightarrow \lambda = 0.8 \tag{13-21}$$

通过解答这个方程可以计算二氧化碳浓度翻倍时大气变暖2°C和变暖4.5°C的气候灵敏性参数，然后根据这些备选的气候灵敏性参数运行模型。根据这些备选的气候灵敏性参数，社会碳成本如何变化？只对高贴现率和模型1做此练习。

13.8 发展

现在对模型进行更多的变换。如上所述，我们假设气候变化的脆弱性是恒定的。与此同时，我们假设越贫困的区域越脆弱。这是前后矛盾的。因此，在等式（13-15）中引入收入弹性，如：

$$D_t = (\psi_1 T_t + \psi_2 T_t^2 + \psi_6 T_t^6)(\frac{y_t}{y_0})^{\varepsilon} \tag{13-22}$$

其中：$\varepsilon = -0.25$，$y_0 = y_{2010}$。

13.8.1 练习

练习1：ε在−0.50、−0.25、0.00和0.25之间取不同的值，对社会碳成本有什么影响？

练习2：重新考虑2015年最富裕地区减排5%。假设最富裕地区没有减排而是把钱捐给最贫困地区，对排放有什么影响？这对气候变化的影响有什么启示？

练习3：根据上面的具体说明，假设气候变化的影响减少产出，或者在边际上影响毛产出和净产出。这意味着气候变化的影响既减少消费，又减少投资。首先，假设所有影响都作用在消费上面，这对经济增长和排放有何影响？现在假设所有影响都作用在投资上面，即消费和没有气候变化时一样，但是减少投资，这对经济增长和排放有何影响？

13.9　最优气候政策

这个作业是计算最优气候政策的发展轨迹。你需要分三个步骤完成这一作业：（1）在模型中添加一个福利函数；（2）需要做些设置，以便你能使用Excel中的一个数值优化包；（3）运行这个数值优化包，找到不同假设中的最优政策。

13.9.1　福利要素

第一步，增加一个要素，其能够计算一个给定政策的整体社会福利。计算会得到一个数值，以此为标准能够得到最高值的那个政策将被列为“最优”政策。

应该作为一个要素添加的福利函数遵循以下方程：

$$SWF = \sum_{t=0}^{T} P_t \ln c_t \left(\frac{1}{1+\rho}\right)^t \tag{13-23}$$

P_t是t时刻的人口规模，c_t是t时刻的人均消费。在模型的其他部分，这两个变量都已经计算过了。ρ是纯时间偏好率，应该以容易改变其取值的方式设置这一要素。T是模型的时间范围。

13.9.2　准备模型

建立模型的基本出发点是，我们分析的每一年都可以设置一个不同的减排水平（排放控制率）。这相当于3×（2300－2015）=855个决策变量，因此，我们要使用的数值优化包需要找到每一个决策变量的最优值。对于最先进的优化包这不会成为问题，但对Excel来说这就是一个问题。因此，下一步就是把855个决策变量的问题转换为只有9个决策变量的问题。

我们通过创建9个新的决策变量来完成这一步骤，我们将2015—2019、2020—2024、2025—2300，以及贫困地区、中等收入地区、富裕地区这些因素放在一个小矩阵中，并且使得减排指向这些矩阵。

下一步就是使Excel中的数值优化包能够运行。它的名称是“解算器”（Solver），并且在默认情况下是关闭的。下面是确保在2010版Excel

中能够运行的操作步骤：

- 点击文件→选项→添加项
- 在“管理”栏选择“Excel添加项”
- 点击“确定……”
- 选择“添加解算器”
- 点击“OK。”

这样，我们就在Excel主窗口中的数据→分析下添加了一项“解算器”，通过点击该项可以开始运行“解算器”。

下一步就是让“解算器”辨别哪些单元格应该尽量最大化，以及为了找到决策变量的最佳组合值哪些单元格可以修改。之后，开始运行“解算器”，接着在“设定目标”栏中选择有社会福利函数值的单元格。确保你的选项能将其最大化（而不是最小化或找一个特定值）。接下来，需要为“经过转换变量单元格”区域选择十个新的决策变量的范围。此时，“解算器”应该对这十个单元格尝试不同的值，并试图找到组合值使得你选作目标的单元格的值最高（在我们的例子中为最高的社会福利）。

在运行“解算器”之前，我们应该知道一件事：使决策变量合理的取值范围是什么。在我们的例子中，决策变量是排放控制利率，可以在0到1之间取值（即0%到100%）。所以我们不需要“解算器”尝试超过这一范围的任何值。可以通过在“解算器”中设置约束来对其设定。你需要添加两个单独的约束，一个是决策变量总是要大于或等于0，一个是决策变量总是要小于或等于1。可以通过单击“添加”按钮添加一个约束。对于单元格引用，应选择已选为决策变量的单元格，然后选择正确的条件（即第一个是>=，第二个是<=），最后在约束区域中对第一个约束添加0，对第二个约束添加1。完成后，应该把两个约束列于“解算器”主窗口的“受约束”区域。

注意也可以尝试不添加约束，并看它们是否相互违背。

13.9.3 练习

为气候模型的两种备选方案找到最优政策。这对浓度、温度和人均消费有什么影响？

13.10　贴现与权益

现在可以在模型中添加权益权重。权益权重不影响模型的内部运作。它们重新解释结果。然而，由于影响最优碳税，权益权重确实影响结果。

权益权重被定义为：

$$GWF = \sum_{r=1}^{R} \left(\frac{\bar{y}}{y_r} \right)^{\eta} SWF_r \tag{13-24}$$

也就是说，权益权重是全球人均收入与地区人均收入的比率，随风险厌恶率增长而提高。注意，在使用权益权重之前应先对未来影响贴现。

13.10.1　练习

提示：使用章节13.8的模型版本。

练习1：计算权益权重 $\eta = 0.0$ 、 $\eta = 0.5$ 、 $\eta = 1.0$ 、 $\eta = 1.5$ 及 $\eta = 2.0$ 时的社会碳成本。

练习2：将纯时间偏好率由每年3%变为4%、2%、1% 和0.1%，重新计算社会碳成本（没有权益权重）。

练习3：将风险厌恶率从 $\eta = 1.0$ 变为 $\eta = 0.0$ 、 $\eta = 0.5$ 、 $\eta = 1.5$ 及 $\eta = 2.0$ 。只考虑对贴现率的影响（提示：使用拉姆齐规则）。计算社会碳成本（没有权益权重）。

练习4：现在考虑对权益权重的影响。计算社会碳成本。

13.11　不确定性

13.11.1　练习

回到章节13.9的模型。将控制变量数减少到3×2个：三个地区、2015—2024年的减排和2025—2300年的减排。当气候灵敏性为3.0℃/2×CO_2、1.5℃/2×CO_2和4.5℃/2×CO_2时，优化排放控制率。

不确定性的建模并不困难，但是Excel中模型的二维展示会成为障碍。到目前为止，我们已经在进行二维的建模工作：不同的年限在不同的行，不同的变量在不同的列。我们现在需要一个第三维度：世界的状态。我们假设世界是一个地区。假设变量和参数完全已知，因此可以由一个数值表示。现在对世界的三个地区引入一个参数：气候灵敏性。之前，气候灵敏性是3.0℃/2×CO_2。这里，它有三个备选值：75%的概率是3.0℃/2×CO_2，10%的概率是1.5℃/2×CO_2，15%的概率是4.5℃/2×CO_2。

这意味着需要将包含大气温度变量的列分为三部分：一个低温、一个中温和一个高温。这也意味着直接或间接地将每个取决于温度的变量分为三个。因为我们已经建立了一个综合评价模型，其中万事相关，所以需要划分整个模型。例如，排放取决于经济产出，经济产出依赖于气候变化。

因此，最好是创建三张单独的表，每个都包含相同的模型，但一个是低气候灵敏性，一个是中等气候灵敏性，一个是高气候灵敏性。

一个参数有三个可选择值与此一致，这就是为什么只将世界分为三个地区。气候灵敏性可以有七个或七百个值，但另一方面我们就需要7（00）张表。我们可以有两个不确定参数（事实上，模型中的每个参数都不确定)，然而我们就需要3×3=9张表(如果两个参数都可以假设只有三个备选值)。其他编程环境比Excel的数据结构更适合不确定性分析。

伴随模型的三个替代版本，我们已经创建了三张独立的表。但是有两个要素是共同的：减少排放和期望效用。最优减排遵循效用净现值的期望值最大化。效用净现值的期望等于0.10乘以低模型的效用净现值加上0.75乘以中等模型的效用净现值，再加上0.15乘以高模型的效用净现值。在第四张表或中间的表中计算效用净现值的期望。对年排放控制率引入一个变量。将三个模型变量的每个控制率设置为与共同控制率相等。

13.11.2 练习

在不确定性下优化排放控制率，与上一练习中确定性下的排放控制率的结果进行比较。将概率变为0.15/0.65/0.20和0.05/0.75/0.20，重复这一练习。

现在让我们假设气候灵敏性的真实情况将在2025年揭示。虽然这不会发生，但这种假设告诉我们学习对最优减排有影响。我们不知道将被揭示的真相是什么，但我们知道它将被揭示。

这改变了我们对优化的设置方式。首先，将现有的电子表格复制到一个新的表格里面。从2025年开始，我们有三个独立的优化。低模型的排放控制通过最大化该模型中效用净现值（2025年）来设置。中等模型和高模型的设置同上。

2015—2024年间，我们通过最大化整个时间段的净现值的期望来设置排放控制率。因此，2015—2024年排放控制率的决策取决于2025—2300年控制率的决策。反之亦然，2025—2300年的排放控制取决于2015—2024年的排放控制。2025年的排放和大气二氧化碳浓度显然很重要，且温度也存在惯性。

解决这个问题的一个方法就是使用迭代法。在开始时采取没有学习变量的控制率。假设2015—2024没有学习变量，对2025—2300进行优化。优化2015—2024。重新优化2025—2300。重新优化2015—2024。以此类推，直到没有什么变化。

另外，因为世界上一个地区的排放控制不会直接影响世界上另一个地区的排放控制，所以可以仅最大化世界上备选地区福利的加权和。在相同的优化中，我们可以将2015—2024的期间列入。现在每个地区就有四个控制变量：2015—2024，以及2025—2300的低/中/高气候灵敏性。

13.11.3　练习

测算不确定性和学习建设下优化排放的控制率，并与在确定性下和不确定性下排放控制率的结果进行比较。

13.12　非合作气候政策

现在让我们回到练习11.1的确定性模型。在那个模型中，我们把世界作为一个整体使其效用的净现值最大化，其值等于三个地区效用净现值的和。每个地区都有自己的排放控制率，因为一阶条件是边际减排成本相等(而不是控制率相等)。

13.12.1　练习

练习1：通过使区域效用净现值最大化，分别对三个区域的排放控制率进行优化，并迭代进行。在第一次迭代中，假设其他地区不减少排放。在后面的迭代中，假设其他地区按照前面迭代中的减排率减排。重复直至收敛。将非合作解决方案的结果与章节13.11中合作解决方案（在确定性下）的结果进行比较。

练习2：比较三个地区合作与非合作的福利水平。如果福利可以转让，赢家能否补偿输家？如果福利不能转让而货币可以呢？（提示：福利变化乘以边际效益的“逆”就是支付意愿或接受补偿意愿，以美元计算）

13.13 适应性政策

方程（13-22）给出了气候变化的经济影响。它含有适应的隐含假设。现在将假设显示出来。我们将毛影响 G 定义为不含适应 A 的影响，残余影响为 G（$1+A$）。如果 G 和 A 有相同的符号，适应会增加积极影响并减少消极影响。那么总影响就是残余影响减去适应成本。更具体地说：

$$D_t = \varphi T_t(1 - A_t) - \chi_1 A_t^{\chi_2} \tag{13-25}$$

A 是适应努力。等式右边的第一部分是现在的毛影响，或适应之前的影响。现在的影响等于残余影响或适应后的影响，再加上适应成本。注意，我们需要定义 χ_1，因此，适应成本被定义为产出的一部分。

适应的最优水平遵循：

$$\frac{\partial D_t}{\partial A_t} = -\varphi T_t - \chi_1\chi_2 A_t^{\chi_2 - 1} = 0 \Rightarrow A_t = \left(\frac{-\varphi T_t}{\chi_1\chi_2}\right)^{\frac{1}{\chi_2 - 1}} \tag{13-26}$$

毛影响既可以是正的也可以是负的，χ_2 必须是自然数。因为毛影响和适应的符号需要相同，χ_2 必须是偶数，所以 $\chi_2 = 2$。其他参数如下：

	富裕	中等	贫困
ϕ	−5.46	−5.05	−4.43
χ_1	59.5	36.4	32.0
ψ_1	−5.46	−5.05	−4.43
ψ_2	0.13	0.17	0.15

13.13.1 练习

练习1：对有明确适应的排放控制率进行优化。将结果与使用二次型影响函数 $\psi_1 T + \psi_2 T^2$ 的有明确适应的排放控制率进行比较。

练习2：假设有一个国际适应基金从富裕地区向贫困地区转移1 000亿美元。这将如何影响贫困地区的适应决策？

[第14章]

如何解决气候问题？

微博专栏

- 将更多的温室气体排放到大气中会改变气候，但是如何改变以及改变多少具有不确定性。
- 气候变化有积极影响和消极影响。净影响是负的，但是与经济增长相比很小。
- 逐步增长的碳税以最低成本减少排放。对于合理的目标，成本会很低。
- 与气候相关的危言耸听的言论满足宗教永恒毁灭、罪恶排放及赎罪的需求。
- 气候政策使政客们向世界做出承诺、推迟主要行动，并把责任归咎于那些“老外”。
- 气候政策使得官僚们建立新的官僚机构。这助长了右翼阴谋论者的恐惧。
- 减少温室气体排放的行为属于全球公共物品。因而这如果由别人来做会更好。
- 即使意味着要使用更加昂贵的能源，对气候政策也有一个明确的、持续的公众需求。
- 如果贸易伙伴相互协调，减排会更加容易。UNFCCC的数据标准加上承诺和审查已经足够了。

- 如果可以在最便宜的地方购买排放，那么减排会更加容易。《京都议定书》使之成为可能。
- 常规石油和天然气不足以导致巨大的气候变化，但使用其替代品可能会导致巨大的气候变化。
- 气候政策应该与正在进行的能源供给革命相一致，而不是相互违背。

14.1　问题

温室气体对可见光是透明的，但对红外辐射并非如此，因此来自太阳的能量很容易进入地球。被地球重新反射的能量较难离开：它被大气中的温室分子吸收，并且向各个方向散开——包括重回地表。这是天然的温室效应，参见图1-3。地球已经比过去大气中没有温室气体时变得更暖。如果温室气体浓度增加，那么通过基本原理可以预见地球将会变得更热。

自第二次工业革命（1750年）以来，三种主要的温室气体的浓度，即二氧化碳（CO_2）、甲烷（CH_4）和一氧化二氮（N_2O）的浓度稳步增长。如果考虑到从上一次冰河时期和农业革命时期起，温室气体浓度一直基本保持稳定，那么这一增长是急剧的，参见图1-1。浓度的增加并不奇怪，因为温室气体排放与化石燃料燃烧和森林砍伐（CO_2）、人口增长和财富（通过肉类、稻米产品及废物产生CH_4），以及人工化肥（N_2O）有密切的关系。

在20世纪的进程中，已经观测到温度上升、积雪覆盖减少及海平面上升（由于海水变暖发生热膨胀）的现象，参见图1-2。增强温室效应对气候的影响不仅仅是遵循基本原理。气候是一个复杂的系统。任何初始变动都可能导致一连串的反馈效应，有些是积极的，有些是消极的。最强大的反馈与水有关。温暖的空气中含有更多的水蒸气，而水蒸气是一种强大的温室气体，云的形成会受到影响。云要么使天气凉爽——如在夏日，要么使空气温暖——如在冬天的夜晚。冰是白色的，并且反射光线。水是深色的，并且吸收光线。气候也受到一系列其他事情的影响，一些是自然的——如太阳辐射的变化、火山、海洋动力，一些是人为的——如悬浮颗粒、土地利用变化、营养物质。

最先进的气候模型除了包括这些反馈，还包括更多的要素。这些模型显示已经观察到的20世纪的变暖在21世纪将会继续，甚至加剧。然而，模型在细节上各不相同，而且因为排放预测是高度不确定的，所以未来规划的范围会扩大，参见图1-7。除了气候变暖，气候变化也会导致风力和降雨模式的变化。

14.2 气候政策的成本和收益

有些人认为气候变化很不好，因为所有变化都向坏的方面发展。这是一种奇怪的态度。对女孩的普及教育与过去相比有根本的改善，这一变化普遍受到欢迎。研究表明，气候变化会同时带来积极影响和消极影响。积极影响包括冬季供暖的能源需求减少、与寒冷相关的死亡减少，以及CO_2的营养作用使作物生长得更快且对水的需求减少。消极影响包括海平面上升、热带疾病传播、风暴强度增加、干旱及洪水频发。

将这些用福利等价物表示之后相加，气候变化的初始影响可能相对略为正面。这与政策无关，因为最初的气候变化不可避免。更明显的气候变化将导致净的负面影响，并且这些影响会随着未来变暖而加速。即便如此，影响也是适度的：一个世纪气候变化的福利影响与一年经济增长的福利影响是相当的。尽管不确定性很大，但即使是最悲观的估计也表明一个世纪的气候变化与十年的经济增长影响相当，参见图6-2。

减少温室气体排放的方法有很多。更高效的能源利用和转换到替代能源是两个主要选项。碳税可以起到最好的激励作用。基于激励的政策工具比基于控制的工具更适合分散且来源各异的排放。税收比排污权交易更适合现存污染物。因此，征收碳税是成本最低的减少温室气体排放的方法。

如果来自所有行业和所有国家的所有排放的税收相等，且碳税随利率增长而增长，那么减排成本的净现值最低。更高的碳税将导致更深层的减排。保持大气浓度低于较高目标只需要适度的碳税，但要求税率随着目标紧缩而迅速增长。如果要保持浓度低于450 ppm CO_2当量，全球碳税在2015年左右要达到约700美元/吨碳——是最近排放交易体系许可证价格的10倍，这一排放体系涵盖了欧洲一半的排放。粗略地估算，这样的碳税会使欧洲能源价格翻倍。450 ppm CO_2当量浓度满足欧盟和联合国宣布的全球变暖低于2℃的目标的概率是50%。但是，如果目标不这么雄心勃勃，那么对碳税的要求要低很多，并且不会影响经济增长。

上述关于气候变化影响的讨论表明适度的碳税是合理的，但是这可能很难满足比较雄心勃勃的目标。

14.3　难题

我认为气候变化是一个相对较小的问题，并且可以很容易地解决。非专业的气候政策观察者和媒体会有不同的看法。七件事会阻碍简单的解决方案。

第一，有一种依据罪恶和最终报应对世界进行解释的需要，这通常被称为千禧年主义。尽管许多欧洲人名义上是非宗教的，但实际上非宗教人数不多。气候变化通常是一个宗教的故事：排放（罪恶）导致气候变化（永恒的毁灭），我们必须减少排放（为我们赎罪）。这一观点在日耳曼文化中可能更加强烈，从而导致了一场环保运动，（神职人员）宣扬关于气候危言耸听的言论，却经常背离事实基础。为了使其会员更多和收入最大化，环境的非政府组织迎合了制造恐慌和道德优越感的需求。

第二，除了扩大官僚机构，气候政策可以用补贴、祖辈的排放许可证、市场干预和税收优惠等形式来创造租金。因此，气候政策符合寻租者的利益，也符合使用租金奖励盟友的政策制定者们的利益。

第三，全球范围内的气候政策需要政府干预。这引起许多人的敌视，并助长右翼阴谋论者的恐惧，因而引发了一有机会就攻击气候政策的运动，并且这些攻击已经扩展到支撑政策的气候科学及进行研究的科学家。危言耸听者以同种方式反击。结果是两极分化，这妨碍了对气候政策进行理性的探讨。

第四，温室气体减排是一种全球性的公共物品。减排成本由减少了排放的国家承担。减排的收益由全人类共享。因此，个人少做并希望他人多做符合理性行为。由于每个国家的理由都一样，因而什么也不会发生。如果不成立一个世界政府，这个问题就没有办法解决。

第五，全球气候政策已经被那些由于某些原因渴望有一个世界政府的人作为一种手段。因为气候变化是一个突出的问题，各路名人也加入了这一浪潮。气候政策的最终目标——经济脱碳化——反而被淡化了。

14.4 解决方案

任何气候问题的解决方案都应该从承认我们生活在一个有许多国家的世界，大部分国家都精心地维护它们的主权开始。这意味着气候政策应该服务国内选区。一些国家的民意调查一直显示，在过去的20年内大多数人是支持减少温室气体排放的，即使这意味着使用更昂贵的能源。

然而，单边气候政策是高成本的。如果一个国家提高能源价格，但其贸易伙伴没有，那么相关业务将转移到国外。如果确信邻国将采用大致相同的气候政策，那么这个国家将会更加雄心勃勃。联合国气候变化框架公约在年度会议上预测哪些国家确实可以确保它们的近期减排计划得以实施，并审查另一些国家与其先前承诺的相比进展如何。这一工作通过排放监测和报告的国际公认标准推进。由于贸易伙伴的行为最重要，区域贸易组织，如欧盟（EU）、北美自由贸易协定（NAFTA）、南方共同市场（MERCUSOR）和东盟（ASEAN），在这一过程中应该发挥更大的作用。

减排的成本有很大区别。因此，允许通过对其他国家减排进行投资而减少排放很有意义。联合国气候变化框架公约的《京都议定书》恰恰建立了这一机制。《京都议定书》的减排目标已经到期，但其灵活性机制没有到期。

因此，实施成功气候政策的三个关键要素已经具备。

二氧化碳是主要的人为温室气体。化石燃料燃烧是二氧化碳排放的主要来源。即使我们燃烧掉当前能源体系的支柱——所有储藏的常规石油和天然气，全球变暖也不会太明显。大幅升温需要燃烧大量的非常规石油和天然气，或者以非传统的方式使用更多的煤炭。

化石燃料的储量是有限的，并且常规石油和天然气的终结就在眼前。参见图2-5。今天来看，未来能源行业将完全不同。能源革命已经以焦油和页岩气的形式开始。气候政策没有驾驭正在进行的革命浪潮，而是取而代之，将焦点转向了创造另一场迄今尚没见到成功的能源革命。相反，气候政策应该寻求利用席卷能源行业的创造性破坏力量。

延伸阅读

关于气候政策的书有很多。其中的好书包括Dieter Helm的The Carbon Crunch: How We're Getting Climate Change Wrong and How To Fix It（2012），Nigel Lawson的An Appeal to Reason: A Cool Look at Global Warming（2008），William Nordhaus的The Climate Casino（2013），以及Roger Pielke的The Climate Fix（2010）。Nick Stern的著作Review of the Economics of Climate Change（2007）很有影响力，但并没有那么好。

↘ 索引

海平面（sea level）
社会碳成本（social cost of carbon）
陈述偏好（stated preferences）
温度（temperature）
排污权交易（tradable permits）
不确定性（uncertainty）
联合国气候变化框架公约（UNFCCC）
评价（valuation）
脆弱性（vulnerability）
韦茨曼定理（Weitzman Theorem）
接受补偿意愿（willingness to accept compensation）
支付意愿（willingness to pay）